数控机床外观造型用户体验设计

User Experience Design of CNC Machine Tool Appearance Modeling

祁 娜 张 珣 殷国富 著

化学工业出版社

·北京·

内容简介

本书从工业设计角度出发，选取智能装备中较为基础且具有代表性的先进装备类型——工作“母机”数控机床作为设计载体，通过引入互联网领域非常有效的用户体验相关理论与设计方法，打破数控机床领域传统的以设计师为主导的设计方式，改以用户为主导，帮助相关设计师与从业人员设计出真正符合用户需求的安全、高效、易用、能产生情感共鸣的好机床，进而提升机床用户的使用体验，提高数控机床产品的价值和市场竞争力。

本书可作为高等院校、高职高专院校工业设计、产品设计等设计类专业的教材，也可作为硕士或博士研究生相关方向课程的教材或参考书，还可作为工业装备、智能装备、机电产品等领域设计从业人员、企业管理人员以及学术研究人员的参考书与工具书。

图书在版编目（CIP）数据

数控机床外观造型用户体验设计/祁娜，张珣，殷国富著. —北京：化学工业出版社，2022.5（2023.5重印）
ISBN 978-7-122-40824-2

Ⅰ.①数… Ⅱ.①祁… ②张… ③殷… Ⅲ.①数控机床-设计 Ⅳ.①TG659

中国版本图书馆CIP数据核字（2022）第027322号

责任编辑：孙梅戈　　文字编辑：冯国庆
责任校对：宋　玮　　装帧设计：刘丽华

出版发行：化学工业出版社（北京市东城区青年湖南街13号　邮政编码100011）
印　　装：北京天宇星印刷厂
710mm×1000mm　1/16　印张9½　字数168千字　2023年5月北京第1版第2次印刷

购书咨询：010-64518888　　售后服务：010-64518899
网　　址：http://www.cip.com.cn
凡购买本书，如有缺损质量问题，本社销售中心负责调换。

定　　价：78.00元

前言

数控机床作为机械加工的主流装备，使用率不断提高，中国已成为数控机床生产与应用大国。随着“工业 4.0”概念的提出和《中国制造 2025》规划的发布，中国数控机床行业在面临挑战的同时也有着重大机遇。数控机床作为典型的智能装备，一直以来其研发与设计重心主要集中于机械、电子等领域，在工业设计领域主要考虑单纯的外观造型、色彩涂装等，其制造企业与用户的前期及后期互动均比较少，缺乏用户使用信息的反馈，中国大部分机床厂家生产的产品主要在中低端市场有竞争力。数控机床的工业设计水平是企业创新与发展的外在体现，是提高产品附加值和竞争力的有效手段，是数控机床科技竞争之外的另一大竞争，但国内当前的工业设计应用大部分还停留在单纯的造型设计阶段，无法达到真正提升机床品质的目标。用户体验已在互联网、电子产品等领域得到较广泛的应用，虽然还未形成完整的理论体系，但大量的成功案例已充分体现其在提升产品创新性与提高用户满意度方面的作用和价值。

体验经济时代的制造业需要为用户提供符合其需求的、高性价比的产品，需要为其提供良好的、积极的用户体验。数控机床也不例外，为了能在未来的各国制造生产竞争中占有一席之地，应在设计之初，就将用户体验相关理念与方法应用到该领域，从而提升其整体价值和竞争力。本书从工业设计角度出发，选取工业装备中最为基础且具有代表性的先进产品类型——工作“母机”数控机床作为研究对象，通过引入互联网领域非常有效的用户体验相关理论与设计方法，打破数控机床领域传统的以设计师为主导的设计方式，改为以用户为主导，通过对数控机床用户职业特点、体验需求层次的研究以及用户与数控机床交互体验模型的探索、创新设计流程的调整，保证在设计阶段充分考虑用户需求与使用体验，从而设计出真正符合用户需求的安全、高效、易用、能产生情感共鸣的好产品。在此基础上，进一步提升用户的使用体验，提高数控机床产品的价值和市场竞争力，借助设计创新实现机床产品的同步甚至跨越式发展，与国际一流产品比肩，同时也为其他机电产品、工业装备产品等设计提供借鉴。

由于数控机床领域普遍重视客户而忽略用户，目前关于数控机床各类用户研究的参考文献和研究成果较少，又因为数控机床种类较多，产品使用领域较广，很难进行大范围用户的具体研究。本书主要运用群体文化学、文献综述法、用户访谈法等归纳与总结数控机床用户的群体特征与用户需求，以定性研究为主，后续将通过增加大量第一手资料，通过定量研究丰富数控机床用户研究资料。另外，因用户体验在数控机床领域还属于相对前沿的设计理念，针对实际项目的研究应用还比较困难，故设计实践仍是虚拟的概念设计，相应的许多关于体验设计的结果较难进行真实测试与评估，后续将加强用户体验设计各阶段的评价。

本书为四川省教育厅人文社科重点研究基地“工业设计产业研究中心”一般项目（编号：GYSJ2021-009）、四川省哲学社会科学重点研究基地与四川省教育厅人文社会科学重点研究基地“现代设计与文化研究中心”一般项目（编号：MD21E010）研究成果、西华大学校人才引进项目（编号：Z202110）研究成果。

由于笔者水平有限，书中不足之处在所难免，希望广大读者批评指正。

祁　娜

2022 年 1 月

目录

第1章 数控机床基础

第2章 数控机床行业现状分析

第3章 用户分析

第4章 用户体验设计

第5章 数控机床用户特征研究

第6章 数控机床用户体验层次模型的构建

第7章 数控机床用户体验交互模型

第8章 基于用户体验的数控机床外观造型评价

第 9 章 基于用户体验的数控机床外观造型设计要点

第 10 章 数控机床用户需求的获取——全民参与

第 11 章 阶梯式创新

第 12 章

基于用户体验的数控机床外观造型设计流程

参考文献

第1章 数控机床基础

1.1 机床简介

1.1.1 机床的定义

机床是指对原材料（坯料）或工件采用切削加工的方法，使之获得所要求的几何形状、尺寸精度与表面质量的机器。机械产品的零部件通常都是用机床加工出来的。机床是制造机器的机器，同时也是可以制造机床本身的机器，这是机床与其他机器或产品区别开来的主要特点，所以机床被称为工作母机或工具机。如图 1.1 所示为组合式机床。

图 1.1　组合式机床

1.1.2 机床的部件构成

机床种类繁多，其部件构成与工作原理也不尽相同，对各类普通机床共性部分进行分析总结，其共性部件如表 1.1 所示。

表 1.1 机床共性部件

部件	内容	作用/工作原理
基础支撑部件	床身、底座、立柱等	用于安装与支撑机床其他部件或工件，承受重量与切削力
主轴及变速系统	主轴相关部件与主变速箱	用于安装主轴并改变主运动的速度
进给及变速系统	床鞍、丝杠、滑座、工作台、进给变速箱等	用于传递进给运动、改变进给速度
操作系统	操作控制台、各类手柄、各类按钮等	是对机床进行适时操控的执行部件
电气控制系统	电机、电气柜、各类接触器、控制线路等	是机床实现逻辑控制的关键部件，例如进行主轴及进给正反方向变换、冷却与润滑系统启停、刀具的夹紧与松开等
刀架刀具系统	安装刀具的刀架与刀柄等	是刀具与机床进行可靠安装与完成切削的重要部件
润滑系统	润滑泵、过滤器、管路、油嘴、分配器等	润滑系统分为自动和手动两种，是保证机床各种运动能正常运转的部件
冷却系统	冷却水泵、过滤器、分配器、喷嘴、管路等	是机床进行切削等各类运动时快速散热降温的部件

1.1.3 机床的分类

机床规格和种类繁多，为了有效区别、管理与使用，通常根据国家标准 GB/T 15375—2008 对机床进行分类。分类方式不同，机床种类也不同，具体如表 1.2 所示。

表 1.2　机床的分类

分类方式	机床类型
根据通用程度	通用机床(亦称万能机床):适用于小批量生产,加工范围广,可用于加工多种零件的不同工序。例如普通车床、万能升降台铣床、卧式镗床等
	专用机床:通常用于成批生产或大量生产中,一般是根据工艺要求专门设计制造的用于加工某一种或某几种零件的某一特定工序。例如用于加工车床主轴箱的专用镗床、用于加工车床导轨的专用磨床等
	专门化机床:用于大批量生产,但加工范围较窄,可用于加工不同尺寸的某一类或几类零件的某一种或几种特定工序。例如曲轴轴颈车床、精密丝杠车床等
根据加工性质与所用刀具的不同	可分为车床、铣床、钻床、磨床、刨插床、拉床、齿轮加工机床、螺纹加工机床、锯床、特种加工机床和其他机床
根据加工精度	针对同类或同一种机床,根据加工精密度不同分为普通精度级机床、精密级机床和高精度级机床
根据自动化程度	可分为手动机床、机动机床、半自动机床和自动机床
根据机床质量和尺寸	可分为仪表机床、中型机床、大型机床(质量达到 10t)、重型机床(质量在 30t 以上)、超重型机床(质量在 100t 以上)

为了简明地表示机床的类型、主要技术参数、性能和结构特点等，通常会编制机床型号，中国在 1997 年颁布的标准《金属机械机床型号编制方法》(GB/T 16768—1997) 中部分机床型号代码如表 1.3 和表 1.4 所示。

表 1.3　普通机床类别代号

类别	车床	钻床	镗床	磨床			齿轮加工机床	螺纹加工机床	特种加工机床	铣床	刨插床	拉床	锯床	其他机床
代号	C	Z	T	M	2M	3M	Y	S	D	X	B	L	G	Q
读音	车	钻	镗	磨	二磨	三磨	牙	丝	电	铣	刨	拉	割	其他

表 1.4 机床通用特性代号

通用特性	高精度	精密	自动	半自动	数控	加工中心（自动换刀）	仿形	轻型	加重型	简式	柔性加工单元	数显	高速
代号	G	M	Z	B	K	H	F	Q	C	J	R	X	S
读音	高	密	自	半	控	换	仿	轻	重	简	柔	显	速

1.2 数控机床简介

1.2.1 数控机床的定义

数控机床（Numerical Control Machine Tools，NC 机床）是一种典型的机电一体化产品，是一种通过数字和符号构成的数值指令信息（程序指令）控制刀具，按照给定的工作程序、运行轨迹和运动速度进行自动化加工的机床。数控机床装有数控系统，能够自动阅读载体上提前输入的数字指令，并对其进行译码和处理，从而完成机床规定的一系列动作。

1.2.2 数控机床的工作原理及部件构成

数控机床完成零部件数控加工的工作原理如图 1.2 和图 1.3 所示。数控机床完成数控加工的控制过程和计算机控制打印机完成打印的过程，特别是与计算机

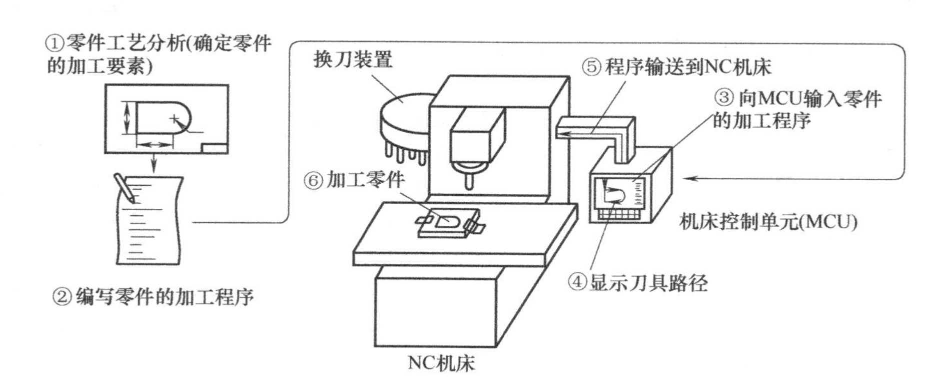

图 1.2 数控机床加工原理示意

控制绘图仪进行绘图的过程非常相似。

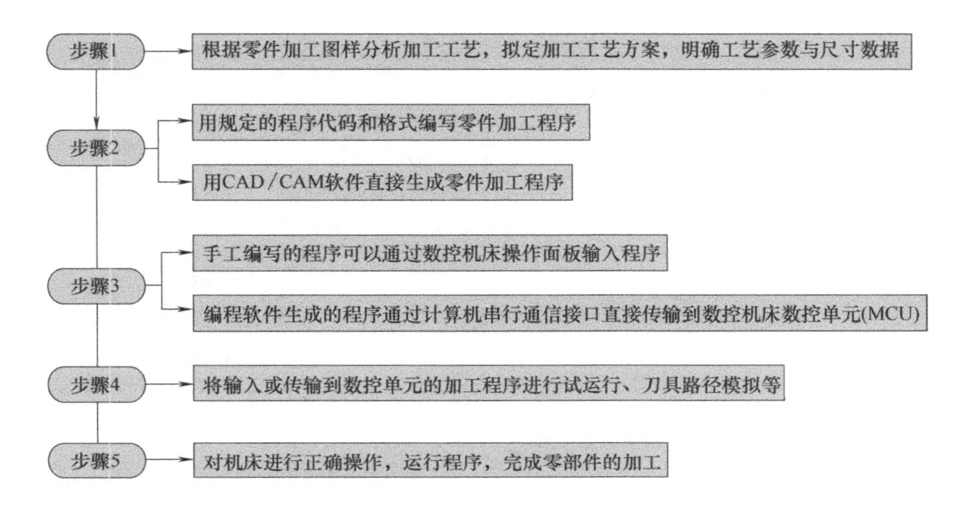

图 1.3　数控机床加工步骤

数控机床部件构成如表 1.5 所示。

表 1.5　数控机床部件构成

部件	构成
主要部件	基础部件(床身、立柱、工作台等)、主传动系统、进给系统
辅助装置	气动、液压、润滑、冷却等系统，排屑、防护装置
实现工件回转、定位的装置和附件	回转工作台、分度头、平旋盘
特殊功能装置	刀具破损监控、精度检测和监控等装置
电气控制装置	数控系统、电气系统和按钮站等

1.2.3　数控机床的分类

数控机床体系庞大，种类繁多，根据不同的标准可将其分为不同类型，如图 1.4 所示。

部分机床产品如表 1.6 所示。

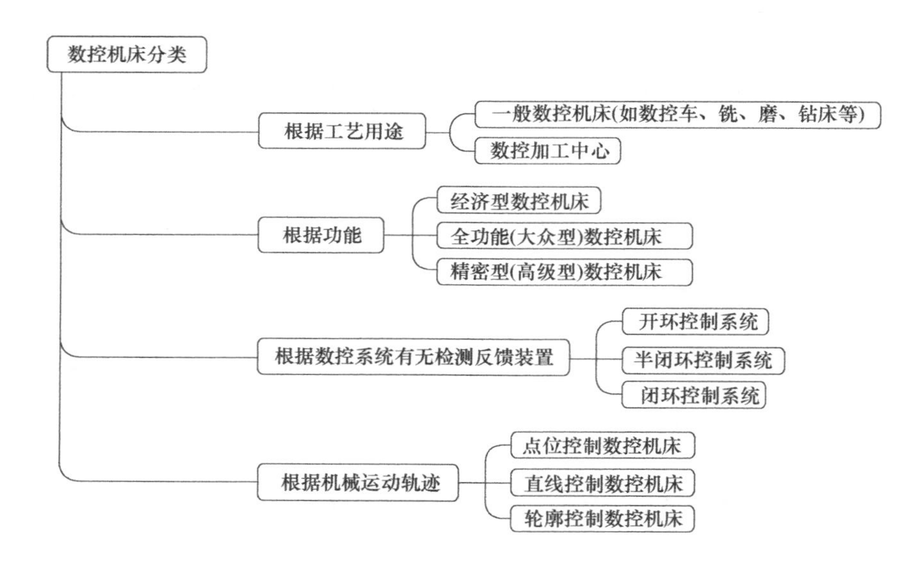

图 1.4　数控机床的分类

表 1.6　部分机床类型

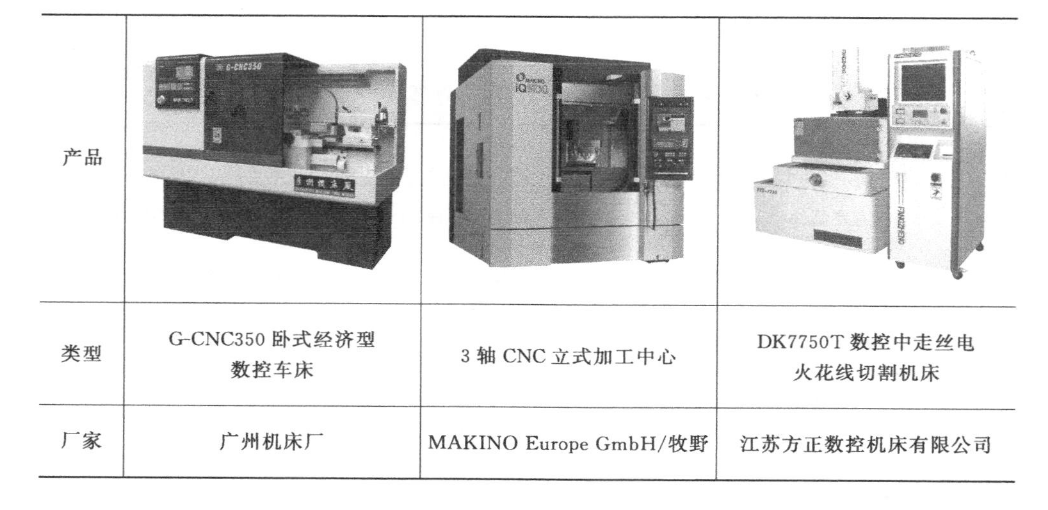

产品			
类型	G-CNC350 卧式经济型数控车床	3 轴 CNC 立式加工中心	DK7750T 数控中走丝电火花线切割机床
厂家	广州机床厂	MAKINO Europe GmbH/牧野	江苏方正数控机床有限公司

1.3 数控机床特点分析

数控机床作为生产其他机械产品的工作母机，不同于一般的机电产品，在刚度、精度等方面均有特殊要求。从不同角度分析，均有独特之处。

(1) 从数控机床产品本身分析

① 加工精度高，产品质量好。

② 加工能力强，可加工各种复杂形面零件。

③ 加工柔性强，能适应多种加工对象。因此数控机床可以快速地从加工一种零件改换成加工另外的改型零件，该特点利于单件或小批量产品以及结构频繁更新产品的加工。

④ 生产效率高，数控机床的生产率通常是普通机床的2～3倍，在加工某些复杂零部件时甚至可提高十几倍到几十倍。

⑤ 适合制造加工信息的集成管理和制造技术的综合自动化发展。

⑥ 功能是衡量数控机床好坏的最主要依据，加工精度、加工速度和使用寿命等因素决定其主要价值。创新设计时，造型和使用者因素均处于相对次要位置，辅助机床更好地实现功能服务。

(2) 从数控机床生产者角度分析

① 数控机床是同时综合了机械、液压、气动、电子电气、光学等各种技术类型的复合产品，对产品的技术水平和加工质量要求非常高，整个产品制造链较长。

② 数控机床尤其是中高端数控机床的生产必须依靠高精密度设备。一个机床生产企业若想形成规模竞争能力，除了企业自身需要具有一定规模外，同时还需建立一个完整的制造链，这对企业资金投入要求较高，产品改型代价一般也较大。

③ 数控机床客户（购买者）与用户（使用者）一般不是同一对象，这对其设计开发提出了更高要求，必须兼顾两者需求。

④ 很多产品需要根据客户需求进行个性化定制，这对生产企业的技术积累和设计研发水平、加工质量等提出了较高要求，入行技术门槛较高。

⑤ 机床产品声誉的建立需要较长时间的市场检验，且需要生产企业良好的产品质量以及完善的客户服务体系给予支撑。

(3) 从数控机床客户角度分析

① 设备正常运行费用低、利用率高、利于现代化管理、经济效益好。

② 初期投资大、维护费用较高。

数控机床产品客户类型以企业为主，个人为辅。机床属于固定资产，且使用周期较长，所以客户非常重视生产企业的品牌声誉，对其产品的质量、技术性能先进性和稳定性以及售后服务等要求均比较高。但一旦客户对某一品牌机床产品产生信任，其忠诚度将较高。

(4) 从数控机床使用者角度分析

① 劳动强度低、工作条件好。数控机床具备手动、机动以及程序自动加工功能，通常其加工过程无须人工干预。

② 数控机床属于技术密集型产品，对用户要求较高，必须经过严格的专业培训后才允许使用。

③ 常常因用户使用不当而导致其发生故障的现象时有发生。

第2章
数控机床行业现状分析

2.1 客户选购数控机床的关注点

数控机床历经几十年的发展已形成一个品种繁多、功能多样的庞大家族群。随着现代制造技术的飞速发展，企业选购数控机床已成为大势所趋。数控机床的销售对象，除了常规的大规模生产企业外，大部分中小批量生产企业也倾向于选择数控机床用以增强生产能力或者替代旧式机床。

数控机床客户通常是企业，通常由企业采购部门根据需求进行购买，一般从技术角度考量。总结而言，企业选购数控机床主要遵循如下几大原则。

① 实用性。企业选购机床是为了解决加工生产中的一个和多个问题。实用性要求选购的机床要能最大限度地实现预定目标，而无须花高价购买过多复杂又不实用的产品。

② 稳定可靠性。即要求数控机床无论是主机、控制系统还是配套件等在技术上要相对成熟，能保证稳定可靠地运行。

③ 经济性。即指选购的机床在满足企业加工需求条件下综合花费最低或所支付的代价最小，从而以合理的投入获得最佳的效果。

④ 易操作与易维护性。功能再强大、齐全，技术再先进的数控机床，如果无法让人高效、安全地操作与使用，维修人员无法熟练地维护和修理，都不可能发挥出预期的作用。因此，选购时必须考虑机床产品的易操作性和易维护性，避免给后续使用带来困难，造成设备的浪费。

从以上选购原则和实际的企业选购数控机床现状不难看出，该类产品的选购是趋于理性的，主要从技术、功能、性能等方面作为决策的主要依据，即着眼点在“产品”上，严重忽视了“人”在实现企业目标、发挥数控机床效用方面的作用。

2.2 数控机床发展趋势

美国对“高端制造业回归”的强力推进、德国提出的“工业 4.0”高科技战略计划、中国发布的《中国制造 2025》高端制造业国家战略规划……全球的制造业竞争已拉开新的帷幕，中国机床市场也将发生巨变。

(1) 整体趋势：高端化，势在必行

一个国家，机床行业发展水平在一定程度上代表了各方面实力，甚至影响着一个国家的世界地位。中国机床行业正在进行新一轮的产业升级，并把高端机床作为重点发展目标之一，但与德国、美国、日本等机床先进企业相比差距仍然很大。一些中国企业虽已研制出部分中高端数控机床，但并没有整体掌握关键功能部件的研发和制造技术，而是基于进口关键功能部件与国产机床制造主体的组装。据统计，受国内研发能力的限制，截至 2015 年，我国 80%的中高档数控系统、90%的高档数控系统、85%的高档数控机床仍依赖于国外进口。

(2) 具体趋势：高度智能化，节约人力成本

伴随着中国制造面临的适龄劳动人口逐年减少、劳动力成本日益上升、企业利润微薄等新一轮考验，制造企业必须加速转型。例如，位于浙江省的慈溪鸿运电器有限公司强烈感受到了企业危及，并通过由智能数控机床替换国产普通机床方式成功转型。转型前：采用国产普通机床，加工精度较低，1 台机床需 1 名操作工，当地人工费为 16 元/h，人均工资≥3000 元/月。反观越南等东南亚国家，工人工资仅需 700～800 元/月，且国内人力成本还在持续上升。转型后：采用智能数控机床，加工精度高、操控简单，4 台机床仅需 1 名操作工，折合人工费 4 元/h，每月人工费仅需 900 元左右。高端智能化机床将是企业转型升级的关键要素之一。

高端制造装备业的“十二五”规划也将高档数控机床纳入重点工程范围内。高端、智能化机床在未来将面临重大发展机遇，并成为主要需求，具有巨大商机。

(3) 柔性化

为了适应未来的个性化加工需求，数控机床单元柔性化以及系统柔性化将成为必然。

(4) 自动化

随着数控机床功能的日益多样化、性能的日益提升，其自动化控制程度将持续提高。伴随着标准化以及通用化适应能力的不断增强，无人化生产模式将趋向完善。

(5) 网络化、开放式

数控机床将逐步网络化，联网后便于进行远程控制和无人化操作，利于机床间图形、数据和进度的资源共享。数控技术将逐渐由专用封闭式发展为通用型开放式、实时动态式，未来数控机床的远程通信、远程诊断甚至远程维修都将成为普遍形式。

(6) 高精度、高速度、高效率

精度、速度、效率，是机械设备的关键性能指标。高速芯片以及多量 CPU 控制系统的采用将使其性能不断提高。

(7) 设计日趋重要

未来，技术将不是问题，数控机床技术同质化现象将日趋明显，各个企业对工业设计以及用户需求重视度将不断提高，用户体验设计将成为提升机床产品核心竞争力的一个重要因素。

2.3 数控机床行业的机遇与挑战

数控机床是国家新技术和高科技产品开发的重要设备保障，其设计水平与性能既是反应国家制造业水平的重要指标之一，又是一个国家综合国力的体现。国内的数控机床设计近些年已取得长足进步，但同国外相比仍存在整体设计水平低下、附加价值不高、国际市场竞争力较低等现状，这与国内数控机床设计思维局限、设计理念相对落后分不开。因此，以一种前瞻性的眼光，寻找一种新的、可持续的、前沿性思维方式和设计理念，应用于中国的数控机床设计开发对中国数控机床行业的未来发展至关重要。设计的最终目的是为人服务，数控机床虽然最终目标是为企业创造产值，但追溯到本源便是操作者如何更安全、高效地操控机器，本质还是与用户紧密相关，甚至在一定程度上对“用户”的把控是产品最终是否畅销、是否能够成功的关键。然而以往的数控机床产品开发考虑最多的还是功能能否实现、性能是否突出、结构是否合理，人的因素往往被忽略或者仅仅给予很少考虑。造成的结果是大部分数控机床普遍存在体型庞大、不易操作、操控与显示装置不够人性化、工人效率普遍不高等问题。产品整体品质不高，在市场上缺乏竞争力。尤其随着《中国制造 2025》的签批，如何提升中国数控机床产品整体品质和市场竞争力显得越加重要与急迫。

随着经济的飞速发展和物质水平的不断提高，人们的思想理念不断更新进步，精神与文化需求向更高层次发展，人们越来越重视自我价值的实现和情感需求的满足。体验经济时代由此到来，用户体验设计应运而生，并成为当今设计理念的焦点。作为一种极其人性化的新型设计研究理论体系，用户体验设计是对传统的人性化设计理念的革新与提升，是当代物质发展的重要影响因素。用户体验（User Experience），简称 UE/UX，最早和最主要的应用领域在 IT 界，但伴随社会网络服务影响范围的扩大和“互联网+”的提出，用户体验在数控机床产品领域得到了一定应用与发展，然而相关研究与应用仍然比较薄弱，缺乏完善的系统理论做指导，有待系统研究与完善。

产品竞争已逐步从传统的技术竞争转变到以改善用户体验为核心的竞争阶段，数控机床产品亦不例外。中国的数控机床产品亟须不断提高自身竞争力，而用户体验设计理念的引入将有助于产品的创新，产品品质、性能、质量和经济效益的提高，将能成为企业产品研发的有效推动力，甚至可能成为中国“智造”，实现企业竞争力提升的一个突破口。

2.3.1 中国制造 2025

2015 年 5 月 8 日，中国制造强国建设的第一个十年行动纲领《中国制造 2025》经李克强总理签批，由国务院公布。报告指出，新一代信息技术与制造业深度融合，正在引发影响深远的产业变革，形成新的生产方式、产业形态、商业模式和经济增长点。全球产业竞争格局正发生重大调整，中国制造业面临发达国家和其他发展中国家“双向挤压”的严峻挑战。尤其随着资源和环境约束不断强化，劳动力等生产要素成本不断上升，投资和出口增速明显放缓，主要依靠资源要素投入、规模扩张的粗放发展模式难以为继，调整结构、转型升级、提质增效刻不容缓。形成经济增长新动力，塑造国际竞争新优势，重点在制造业，难点在制造业，出路也在制造业。

经过几十年的快速发展，中国制造业规模跃居世界第一位，建立起门类齐全、独立完整的制造体系。但中国仍处于工业化进程中，与先进国家相比还有较大差距。制造业大而不强，自主创新能力弱，关键核心技术与高端装备对外依存度高，以企业为主体的制造业创新体系不完善；产品档次不高，缺乏世界知名品牌；产业结构不合理，高端装备制造业和生产性服务业发展滞后；信息化水平不高，与工业化融合深度不够。

《中国制造 2025》明确指出，应坚持走中国特色新型工业化道路，以促进制造业创新发展为主题，以提质增效为中心，以加快新一代信息技术与制造业深度融合为主线，以推进智能制造为主攻方向，加快推进制造业转型升级。

制造业取胜的关键在于产品，在于为用户设计符合需求的、高性价比的产品，在于能提供良好的、积极的用户体验。因此企业在进行产品研发时应关注用户使用设备时的舒适度、愉悦度、满意度，提升产品品质与价值，从而使其更好地适应体验经济市场发展的有效途径。

伴随国家对制造业的重视，制造业对数控机床的需求也将大量增加，应用范围将不断扩大，数控机床产业将迎来新的机遇。但是中国生产的数控机床与国外产品的竞争日益激烈，中国数控机床产业面临巨大的创新压力。通过充分研究操作者的生理和心理特征，可以探索数控机床设计行之有效的方法，提高数控机床产品的宜人性和舒适性，更好地满足操作者的生理、心理感受，增强产品的附加值与整体造型效果，创造更高的经济效益。

2.3.2　体验经济

“体验经济”最早是在 1970 年由美国著名经济学家、未来学大师阿尔文·托夫勒（Alvin Toffler）在其知名著作《未来的冲击》一书中被预言。书中写道：“服务经济最终是会超过制造经济的，而体验经济又会超过服务经济，体验经济可能会成为未来社会的经济支柱之一，甚至可能会成为服务经济之后的经济基础。”

随后美国战略地平线公司共同创始人约瑟夫·派恩（Joseph Pine）和詹姆斯·吉尔摩（James Gilmore）曾在两人合作出版的《体验经济》一书中指出，人类社会已进入体验经济时代的观点。他们将人类经济划分为：农业经济、工业经济、服务经济和体验经济，并曾在《哈佛商业评论》上发表《体验式经济时代的来临》一文。即“体验”成为企业主要的提供物。体验经济由此成为新经济的实业内容，并成为民心所向。

所谓“体验经济”指企业以服务为重心、以产品为素材，为用户创造独特的回忆或感受的一种经济形态。体验经济在当前阶段发展起来有几大原因：

① 技术高度发展，“体验”急剧增加；
② 竞争日益激烈，驱使企业不断寻求独特卖点；
③ 经济价值本身趋向进步的本性，即产品→商品→服务→体验；
④ 商家和消费者不断增加的投入。

体验经济促使人们将自身内在的期待或欲望转化成一种市场需求，从尝试的角度将人类潜在的无限需要中的“体验”转变成现实需求，进而成为社会经济发展的原动力。

体验经济时代的消费者更重视消费过程中自我体验的满足，主要特征表现为：感官性、参与性和个性化。这种模式的消费过程不再是传统的被动接受的单向消费过程，而变成了用户与产品设计间的互动过程。用户对产品的需求不仅仅是功能性满足，更多的将是关注自身心理的需求等。于是，“体验设计”在“体验经济”的发展驱动下快速发展。

2.3.3 用户体验将成为商机和竞争力

体验经济与传统经济有着不同的本质，具体如表2.1所示。体验经济侧重于通过对用户感官体验和思维认同的塑造抓住用户的注意力，改变其消费行为，从而为产品寻找新的生存价值和发展方向。“体验”可以成为一种独特的经济提供物、一种新的经济产出类型为企业和社会创造效益及价值，成为继农业经济、工业经济、服务经济后的又一种新经济形态，成为未来企业发展和经济增长的新型动力。

表2.1 体验经济与传统经济形式的区别

经济类型	出发点	侧重点
传统经济	企业和产品	实现产品更强大的功能、更美观的造型、更优惠的价格等
体验经济	用户的生活与情境	塑造感官体验和思维认同

社会的进步和产品的日益成熟要求产品“以质量为中心”向“以用户为中心”转变，用户满意不满意成为衡量产品的重要标准与标志。用户的地位不断被凸显，产品设计从追求功能转变为追求产品整个消费过程的情绪满足和心理舒适，这便是产品的设计目标，即用户体验。

美国设计师普罗斯认为，设计除了具有人们普遍认为的美学、技术和经济三个维度外，更重要的是第四维：人性。以人为本应是工业设计基本的设计理念。

工业设计的对象是产品，产品的最终目的是“为人服务、满足人的需求”。在一定程度上可以认为：设计的本质是“产品的人化”。

冯英健曾在《网络营销基础与实践》一书中提到：计算机技术和互联网技术的发展正使技术创新形态发生着改变，以人为本、以用户为中心将越来越受到重视，用户体验由此被称为创新2.0模式的精髓。

在《用户体验面面观：方法、工具与实践》一书中，麦克·库涅夫斯基（Mike Kuniavsky）指出，设计师心中的用户与实际场景下的用户并不完全相同，甚至存在极大差别，这已成为阻碍产品开发获得成功的主要问题之一。通过用户体验研究和设计可以帮助设计师更全面、准确地了解用户特点以及对产品的需求，从而有效消除这一差别。

越来越多的企业开始意识到提供优质用户体验的重要性，不仅仅是对互联网行业，对所有的产品类型和服务均是如此——用户体验形成了用户对企业的整体印象，界定了企业与竞争对手的差异性，将为企业提供一种重要的、可持续的竞争优势。这从近几年企业对用户体验人才的亟须、用户体验人员的超高薪酬可见一斑，用户体验设计师、用户体验信息架构师、用户体验工程师、用户体验前端工程师等几乎每个人头上都被加上了“用户体验”的头衔，因为越来越多的管理者已意识到用户体验对企业生产与发展的重要性，团队每个人实际上都会或多或少地对产品或服务的用户体验产生影响。当前，用户体验已成为现代企业组织架构的必需品。可以预见，不远的将来，任何形式与规模的企业都将至少拥有一名用户体验人员负责审视所开发的产品与服务体验。用户体验担负着沟通和联系企业的产品与用户间的桥梁作用，是增强产品和品牌忠诚度非常重要的一个工具。

用户体验是一个偏抽象的概念，它并不关注产品本身如何工作、如何发挥功效，而是研究产品怎样与外界联系并发挥作用，即用户如何“接触”和“使用”它，核心关注的是人而不是物。用户体验常常体现在细微之处，但却非常重要。良好的用户体验可以有效提升用户使用产品的准确性、愉悦度，以及自我价值实现的满意度。然而，在实际的产品开发过程中，尤其对于数控机床产品，大家更多的是关注产品能用来做什么、具有哪些功能、性能如何等。用户体验常常是被忽略的对象，例如产品如何工作、如何实现所列功能等这些体验因素恰好很可能是决定产品成败的关键。

另外，良好的产品设计还能减少用户对客服或维修服务的需要，这在一定程度上减少了企业在客户服务方面的投入，提高了经济价值和品牌形象，也能降低由于客户服务原因造成的用户流失概率。如何抓住用户、如何营造用户心目中的品牌形象已成为当前产品行业的竞争重点。而整个社会的产品设计发展又关乎一个国家的实体经济水平。

一个产品越复杂，让用户感受到良好的操作体验就越困难。每增加一个功能、一个特性或者一个操作步骤等，就有可能导致在产品使用过程中用户体验的失败。数控机床作为高科技产品，功能众多。因此，在开发过程中，引入用户体验理论，对其进行用户分析、研究其用户体验形式和用户体验方法，进行基于用户体验的产品设计与开发显得至关重要。

2.4 用户体验在数控机床行业的应用现状

数控机床造型设计是数控机床领域的一大研究热点，目前主要从人性化设计、人机工程学、设计美学等工业设计理论进行研究。因用户体验理论本身也是近些年才逐渐被公众关注和重视，在产品设计领域中应用范围还非常有限，研究成果本就不多，专门针对机床应用领域的用户体验研究更少。袁浩、劳超超针对数控压力机从用户体验角度进行了触摸式交互界面的设计与可用性研究；庄德红以一款数控车床为例，分析了产品主体结构造型、色彩界面、控制装置CRT/MDI、产品人机关系几方面存在的体验问题，并从人机工程学、认知心理学、美学等学科角度进行了改良设计，侧重于人-机界面交互设计，以设计实践为主。

部分学者已意识到用户的重要性，并针对机床行业的用户需求进行了相关研究，如张曙等强调聚焦用户需求、针对性研发专有技术是机床产业转型升级的途径之一；丁雪生分别从航空航天产业、造船产业、汽车产业、国防军工产业、一般机械产业、信息产业用户对机床工具行业的需求进行了分析。但这里所谓的“用户”主要针对机床购买企业，是从企业需求角度且偏向于对机床技术、性能等方面的研究，不在本书研究范围内。只有真实的人才能产生“体验”，故本书的研究对象为“人”，核心目标群为数控机床操作工人。

部分学者从数控机床使用者的角度开展了相关研究。刘福运从用户反馈角度出发，建立了用户反馈模型，包括视觉反馈、听觉反馈、触觉反馈和心理反馈，并以实际案例分析了用户反馈模型的数控机床造型设计应用。邵娜打破了原先仅从企业角度研究用户满意度的惯例，而从用户使用特点和经验入手研究数控机床顾客满意度，建立了基于顾客视角的顾客满意度评测模型，并针对机床企业研究出一套便于实施的顾客满意度评价办法。张思复基于操作者感受，分别从满足操作者生理和心理两个方面进行研究，其中基于操作者的生理特征，分别从数控机床机身高度、显示装置和操纵装置以及门、窗等实现机床的高效性和安全性，基于操作者的心理特征，分别从机床外观造型和色彩设计实现机床的舒适性和宜人性，从照明、环境温度、噪声三个方面进行操作环境设计。

一些学者基于与人相关的设计理念（如宜人性、人机工学、人性化设计、以人为中心的设计等）进行了数控机床造型设计研究。詹敏从宜人性角度分别讨论了数控机床数控面板、安全防护罩、机床色彩、结构造型布局的设计。吴晓莉、薛廷从人机工程学角度对数控机床造型进行了分析，并重点分析了机床的整体造型、机床门、观察窗和把手这些人操作机床时会经常接触的外观部件。李倩通过分析加工中心的结构和造型总结出现有设备在人性化设计方面存在的问题，由此提出针对加工中心造型设计的研究思路，侧重总结了显示-数控面板、防护罩和操作空间的设计方法。潘松光基于UCD，以木工雕刻机为研究对象，分别从结构设计、工业设计、认知设计、用户体验四个UCD设计要素总结了人性化设计中的主要体现要素，但未形成通用的适合于设计师的UCD设计流程。

关于工业设计、产品创新设计、用户研究、用户体验设计等理念的应用范围和程度，不同的产品类型具有较大的差异。如腾讯、百度、网易等互联网企业均已成立了用户体验设计中心，联想成立了用户研究中心、创新设计中心，长虹在创新设计中心专门成立了用户体验部，华为在软件分公司成立了用户体验设计中心、在终端分公司成立了UI设计部。互联网产品、电子类产品、家电类产品等在设计创新方面已远远走在了前面。反观数控机床等机电产品领域，多年来一直存在重视技术功能设计、忽视工业设计的现象，别说专门的用户体验设计中心或团队，连专门的工业设计团队都仅在规模比较大或具有前瞻性的公司才有，很多公司都仅仅在产品研发部门招聘几个或者一两个工业设计师，但他们都普遍处于被边缘化的地位，有些甚至属于兼职做设计。

工业设计在家电产品、轻工业产品等市场竞争激烈的新产品创新设计、产品改良设计等发挥的作用日益显著，用户体验在互联网产品、电子产品等设计开发中的价值日益明显，如何运用先进的设计理念提高产品附加值、增强用户品牌忠诚度、提升产品市场竞争力已成为各大企业关注的热点之一。

当然，随着数控机床等机电产品的功能日益完善，技术日益成熟，竞争日益激烈，客户要求的日益提高，越来越多的生产企业和相关单位逐渐意识到了工业设计以及重视用户需求的重要性，如三一集团举办“三一（中国）工程机械工业设计大赛”，天津市设计学学会举办了“装备中国2015（天津）机电装备工业设计大赛”等，不少企业陆续成立创新设计部门或团队，越来越多的中小规模企业在寻求与设计公司或院校设计团队的合作。中国数控机床行业在产品创新设计方面起步较晚，为了与国际尽快接轨，在科技创新迎头赶上的同时，借助用户体验提升设计创新水平，实现“齐步走”，将能使中国数控机床产品实现跨越式突破。

2.5 数控机床工业设计新思路

数控机床是发展高端技术产业以及尖端工业的最基本装备之一，具有提高生产率、保证加工质量、降低加工成本、改善工人劳动强度等突出优点，尤其在适应当代快速更新换代、多品种、小批量产品生产加工需求方面，各类数控机床是实现先进制造的关键。提高数控机床可靠性早已被中国机床制造行业列为国家重点科技攻关项目，近几年中国数控机床的产业规模、质量与可靠性均得到了大幅度提升。虽然各行各业对数控机床的需求具有多层次性，但很多企业却选择了进口机床，而且在从2002年起中国跃居数控机床世界消费第一大国的情况下，数控机床进出口逆差极大且日趋扩大。这说明中国数控机床产业虽然发展迅速，但对比国外先进机床，竞争力仍存在较大差距。

用户是企业生存和发展的基础，只有充分满足用户的需求，提升其满意度，企业才能具备足够的竞争力，才可能在激烈的市场竞争中生存与发展。对于数控机床行业，生产企业也比较重视用户需求，但通常重视的是购买企业“用户”的需求，而且侧重于功能和技术方面，对机床直接使用者“用户”关注度不够。而这些一线用户对机床良好的用户体验将能有效提高设备使用效率、提高生产质量，同时还能减少因误操作导致的机器故障，增加机床利用率、延长机床使用寿命，从而为企业创造更大化的产值。

用户体验对企业而言，是增强产品和品牌忠诚度的一种重要工具，是沟通和联系企业产品与用户间的桥梁；对设计人员来说，理解用户体验便于自己从用户角度进行设计，从而设计出用户真正需要的产品。

用户体验设计是提升用户满意度的最佳途径，同时还能提升数控机床产品的可用性。但影响用户满意度的要素主要是诸如功率、主轴转速、数控系统、扭矩、油耗、噪声等产品性能，故障率、安全性、平均故障间隔时间（Mean Time Between Failure，MTBF）、平均恢复前时间（Mean Time to Restoration，MTTR）等可信度因素，技术支持、培训、售后服务、销售网络等服务因素，价格以及外观等。其中产品性能是现阶段企业间尤其是国内外数控机床企业间竞争的核心。

用户价值与用户体验具有密切联系，且大部分类型产品会经历类似的发展阶段。阿尔文·托夫勒在《第三次浪潮》中曾直接预测：未来的所有企业都将凭借体验服务才能获得成功。事实上，在任何经济形态内部都包含体验经济的种子，但只有在经济发展的高级阶段，体验的内涵和地位才不断显露。数控机床产品在其发展过程中附加价值的提升也将经历 4 个阶段，这是随着相关技术的成熟与完善必将演进的，与心理学家马斯洛提出的需求层次理论也刚好一致。

例如手机产品的发展历程，最初是竞争技术、竞争功能，但当技术与功能日趋成熟，产品日趋雷同时，附加服务与用户体验便成为企业提升自身价值、实现竞争差异化的主要手段，苹果公司便是借助良好的用户体验提升自身价值的典型代表。计算机行业的发展亦是如此，随着 21 世纪科技的进步和人类需求的变化，从早期占地极大的大型、超大型计算机到办公室摆放、占地较小的工作机或家用机，再到便于随身携带的“笔记本电脑”、轻薄的“超极本”，再到“平板电脑”。科技在进步，消费者的诉求在改变，计算机也在不断变换着形态。但纵观当前国内外市场上的各大厂商，所有的计算机硬件基本一样，所有的硬件技术基本相同，所有的产品功能大致相同，如何体现品牌差异？苹果计算机一直以来的成功或许能给出答案：在日益同质化的市场中只有提升产品的操作体验，借助情感打动用户才可能脱颖而出。

当然，数控机床产品虽然具有较长的历史，但其价值演进阶段还处于前中期，大部分中国数控机床企业还处于阶段 1 或阶段 2，而较先进的国外企业则处于阶段 2 甚至阶段 3。

中国数控机床若想赶超国际一流企业产品，就不能按照常规发展，而应实现同步甚至跨越式发展，即以阶段 4 为努力目标，提前强调体验的地位和目标。用户体验设计思想的引入具有重要价值与意义。鉴于数控机床的需求和竞争现状，企业当前的研发重心主要集中于技术，不太可能投入大量的人力、物力、财力在用户体验领域。因此，可以通过总结与建立一系列适用于数控机床等机电产品领域的用户体验设计相关理论研究，尝试在有限的投入前提下，以少量的样本、时间和简化的用户体验设计流程提升数控机床的设计质量和用户满意度。

数控机床是一类专业生产工具，其结构、功能等与网站、软件、应用等互联网产品等存在较大差异。它是占有较大实体空间的三维物体，需要人的手、脑等身体部分协调配合完成预定目标。另外，数控机床的用户是必须通过专业培训的操作者，具有一定特殊性，因此，基于用户体验进行数控机床的创新设计必须充分考虑这些特殊性，在原有的用户体验相关成果基础上，进行针对性的变通与创新。

(1) 关于产品“体验”的范围

用户体验是一个宽泛的概念，客户服务从广义上讲也可以囊括其中，因为它也与产品的自身设计分不开。但是客户服务主要与客服人员素质有关，无法改变已完成并投入市场的产品，所以用户体验设计范畴可以主要限定在数控机床类产

第1章
第2章
第3章
第4章
第5章
第6章
第7章
第8章
第9章
第10章
第11章
第12章

品造型创新设计开发涉及的体验阶段。

(2) 关于“用户”

数控机床从进入市场开始，需要经过企业采购、运输、安装调试、使用、维修保养等一系列阶段，需与各类人员接触，他们都属于“用户”，且都对产品的综合体验结果产生影响。

考虑到数控机床整个操作体验周期涉及人员较多，但最终的购买决策者通常是企业（购买商），而主要使用者是机床操作工，因此可以将产品使用者“机床操作工”作为用户体验研究的目标人群，购买商、装调维修工等的体验作为兼顾考虑因素。后续除特别指出，一般的用户均专指操作工。

(3) 关于数控机床的设计范围

从工业设计角度对数控机床造型的创新设计不涉及内部功能、结构、软件编程等。同时考虑到全封闭结构的数控机床能极大地提高工人操作的安全性、减缓对环境造成的影响，是未来机床发展的主流形式，因此设计时应予以重点考虑。

第3章 用户分析

当前市场竞争日趋白热化，企业只有时刻将用户（User）放在所有过程的首位，以满足用户需求为产品开发的基本动机和最终目的，才可能获得消费者的认可，获得市场的成功。对用户的研究和理解至关重要。

3.1 用户的含义

简单地说，用户指所有使用某产品的人。所以“用户”这一概念包含两大含义。

① 用户是人类的一部分，具有人类共性。人的行为不仅受到诸如视觉、听觉、触觉、嗅觉、味觉等感知能力，记忆力，对刺激的反应能力以及分析和解决问题能力等人类自身基本能力的影响，还时刻受到自身心理波动和性格取向，教育程度、过往经历，甚至外界物理和文化环境等因素的制约。用户在使用任何产品的过程中，都会在各方面反映出这些特征。

② 用户是产品使用者，具有与产品相关的特殊属性。作为某一产品的使用者，形成了产品的特定用户群体，他们可能是产品当前的使用者，也可能是准备使用或潜在使用者。这批人在使用产品过程中的行为会与产品相关的一些特性紧密联系，例如与目标产品相关的知识储备、使用目标产品需具有的基本技能、期望借助目标产品完成的功能等。当前使用者又可细分为初次使用者、多次使用者和专业使用者。他们在产品使用时产生的体验感受与自身使用经验密切相关，设计时必须全方位考虑用户因素。

第1章 第2章 第3章 第4章 第5章 第6章 第7章 第8章 第9章 第10章 第11章 第12章

3.2 用户研究的意义

用户是产品能否成功的最终评判者，只有能最大化地提升用户满意度的产品才可能有好的销量，才能为企业带来高效益。因此，只有在产品研究和开发的不同阶段均执行以用户为中心的原则，充分与用户沟通，尽量使设计建立在对用户深入、准确、细致的需求和期望把握基础上，才可能使最终产品达到最大的用户满意度。

用户体验的核心理念是用户充分参与到设计中，即充分考虑用户的年龄、知识水平、文化程度、性格、经验等个体因素，研究其在某一特定使用场景下与产品或信息服务产生互动的过程，并由此形成的连续性的主观感受和体验情感。虽然用户体验存在较强的主观性以及受产品、环境、个体差异等因素影响下的不确定性，但对于特定的用户群仍能体现出极强的共性。通过对目标用户群的共性研究，设计师便可遵循这些共性进行以满足其需求为焦点的人性化设计。

3.3 用户类型

用户从不同的角度按不同的层次可分为不同类型，具体如图 3.1 所示。进行用户体验设计时，面向的用户类型不同，体验需求不同，设计侧重点将有所区别。

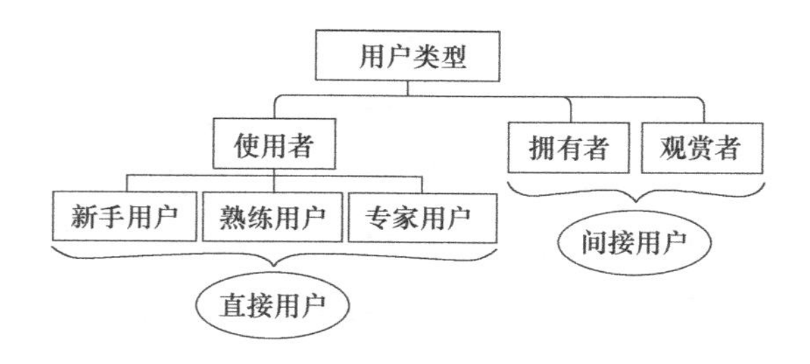

图 3.1 用户类型

从用户和产品的关联性可将用户类型分为使用者、拥有者、观赏者三类，三者因特性不同，对产品的需求和体验侧重点有所不同。

(1) 使用者

使用者使用产品主要是为了发挥其功用，所以更为重视产品的功能性、安全性、舒适性以及宜人性等。

(2) 拥有者

拥有者具有产品的归属权，但不一定直接使用产品，通常对产品各方面性能都有较高要求，核心是希望借助产品带来各种利益，如经济效益、社会效益或提升品牌形象等。

(3) 观赏者

观赏者主要从欣赏的角度体验产品，所以最为关注产品的美观性、创意性等，主要寻求审美需求的满足感与愉悦性。

对于大部分产品，三者常常是统一的，归属于同一个自然人或对象。但产品类型不同、设计定位不同，三者有时又分属于不同对象。如数控机床产品，大部分情况下，使用者和观赏者是操作工人，而拥有者是企业法人或企业。

三者的需求侧重点虽有不同，但存在共同点：如使用者在寻求物理功能满足的同时，会同观赏者一样希望得到心理愉悦与审美满足，而拥有者对产品各方面都会有较高要求，造型亦是考虑因素。产品设计有时就是寻求三者需求的完美统一，但产品类型不同，设计理念也不同，会各有侧重。

对于使用者用户而言，任何一个产品诞生之后在其生命周期里又可细分为三种用户：新手用户、熟练用户和专家用户。

(1) 新手用户

使用任何产品的任何人都会有一段时间以新手用户存在。持续的时间既与产品的复杂度、操作的合理性、宜人性等体验效果有关，也与用户自身诸如知识背景、理解力、动手能力等相关。没人愿意自己永远是新手，所以一个新手用户必须快速成长为熟练用户，否则将会主动放弃或被动淘汰。

(2) 熟练用户

新手对产品使用达到一定熟练程度便转变为熟练用户，该类型永远是一个产品用户中人数最多的。

(3) 专家用户

熟练用户经过继续努力和专研成为专家用户，但通常很少有熟练用户能成为专家用户。

如图 3.2 所示为随着时间的推移，使用者用户类型的转变轨迹。并不是任何一个新手用户都能转变为熟练用户，更不是每一个熟练用户都能转变为专家用户。如图 3.3 所示，这三类用户的人数分别类似一个抛物区间，两边是新手用户和专家用户，中间是熟练用户。而且从统计学角度来看，这个抛物区间是不会改变的，或者说中间区域将越来越多，因为新手用户将很快成为熟练用户，而熟练用户不见得会去努力成为专家用户，因为他们或许没有时间去熟悉或者没有必要花精力去成为专家用户。对于大部分用户，某些高端功能的价值并不是很大，他们只需要知道产品具备某些功能，在未来需要时能通过学习掌握即可。

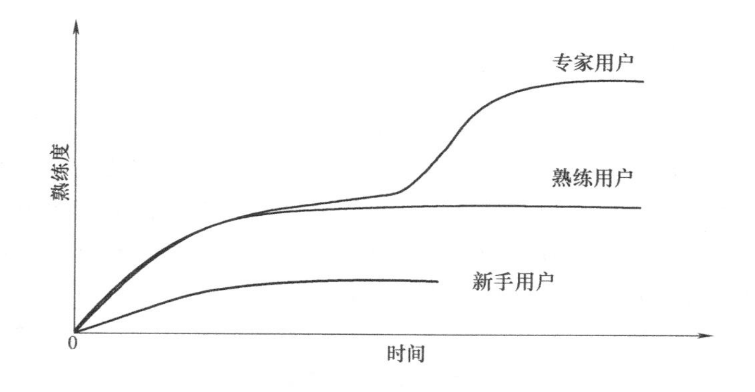

图 3.2　使用者用户类型的转变轨迹

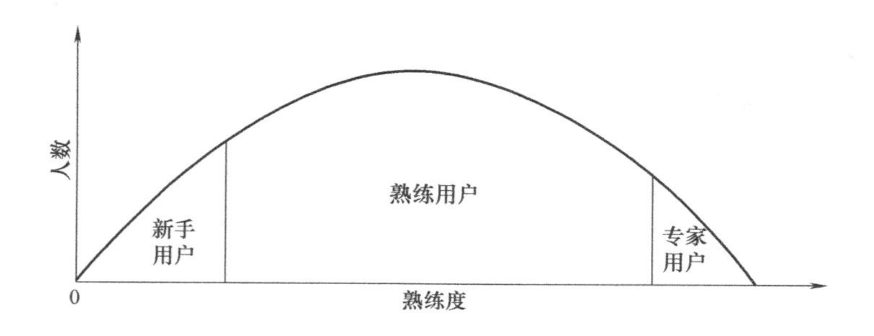

图 3.3　使用者用户类型人数比例分布图

在进行产品定位时一般会选择为熟练用户的需求而设计，即主要考虑熟练用户的体验感受，同时兼顾新手用户和专家用户。设计时要把交互重心集中于熟练用户上，尽量让他们感到使用愉快，同时考虑如何让新手用户快速、无痛苦地成为熟练用户，避免让想成为专家的用户感受到使用障碍，即既为专家用户提供高级功能，又为新手用户提供学习支持。

3.4 用户属性

在3.1节中用户的含义里提到，用户既具有人类共性，即自然属性，同时具有与产品相关的特殊属性，只有充分了解目标用户的这些属性才能进行有针对性的设计。

3.4.1 用户自然属性

用户，主要包括以下自然属性，如表3.1所示。

表3.1 用户自然属性类型

自然属性	描述
视觉	用户能看见并识别不同的文字、图形、色彩等视觉符号
听觉	用户能听见多种类型的声音，并能在一定程度上辨别声音代表的含义
触觉	用户能通过皮肤接触感知对象的材料、肌理、震动、冷暖等物理属性，并在一定程度上进行信息识别
嗅觉	用户能闻到不同的气味，并在一定范围内判断其类型
味觉	用户能通过口腔感知不同物品的味道，并在一定程度上判别其类别
记忆	用户能短时间或长时间记忆感知到的对象。但外界信息过多或过于杂乱时会增加记忆负担，影响记忆效果
思维	用户具有一定逻辑思维能力，能自主学习新鲜事物并根据已有经验进行推理判断
反应	用户根据感知到的外界信息、记忆、思维结果会给出相应的反馈或动作反应

3.4.2 用户特殊属性

作为产品的使用者，用户具有一些与其他产品用户不同的特殊属性，但在该产品的用户群里又属于共同属性，它们将直接影响用户的使用行为和使用感受，对用户体验的针对性设计非常重要，其类型如表 3.2 所示。

表 3.2 用户特殊属性

特殊属性	描述
生理	用户生理方面的因素,包括性别、年龄群、体能、生理障碍以及左右手使用习惯等。不同的群体,自然属性将有较大不同,例如 20 岁左右的年轻人在视觉、听觉、触觉、记忆等方面能力要明显强于 40 岁左右中年人,但其个人经验、逻辑思维等能力却明显弱于后者。再如,男性色盲的比例明显高于女性。设计时需考虑这些群体共同特征
心理	任何人都有自己的需求目标和情感因素,恰当的外界刺激将能激发用户完成任务的欲望。例如喜爱冒险的用户遇到挫折或错误会越挫越勇,而喜欢安稳的用户遇到困难很容易沮丧甚至放弃使用产品
用户背景	包括社会文化、受教育程度、学科背景、工作经历、对目标产品熟悉程度、相关产品使用经验等
使用环境	产品使用环境不同,将直接影响用户使用产品的方式以及对产品的属性需求类型

第4章 用户体验设计

4.1 用户体验

4.1.1 体验的含义

《现代汉语词典》对体验的描述为通过实践认识周围事物并亲身经历。体验指人对自身经历的事、使用的物、所处的环境等在生理或心理上的综合感受和情感升华。人只要存在着、感受着，体验就在发生，它是人类对外部刺激产生的内在反映，与人体感知相关。在现实生活中，人通过多种感觉通道的刺激产生直观感知，即感官体验，并根据自身经历等对多种体验进行综合，从而转化为更深层次的情感体验。

体验的本质表现是一种感觉记忆，即有多次相似记忆共同形成的经验。体验具有两大特点：独特性，即不同的人即使在相同情景下会产生不同的体验；动态性，即相同的人与物在不同时间或地点具有不同的体验。

4.1.2 用户体验的定义

“用户体验”由西方产品设计相关理论发展而来，最早由唐纳德·诺曼（Donald Norman）提出和推广，并于20世纪90年代中期被广泛认知。它的英文全称是User Experience，国外习惯简称UX，国内习惯简称UE。它是一种纯主观的，在用户使用产品过程中产生的一系列感受，但对于界定明确的一类用户群体而言，可以通过良好的设计实验来实现用户体验的共性。

用户体验本身是一个较宽泛的概念，在关注界面UI的同时更关注用户的行

第1章 第2章 第3章 第4章 第5章 第6章 第7章 第8章 第9章 第10章 第11章 第12章

为习惯以及心理感受，它注重人实际使用产品时产生的效果。人亲身处于某种环境而产生的认知、体验到的东西使人感觉直观、真实，并可能在大脑记忆中留下深刻印象，从而可以随时回想起曾经感受到的内容，并对未来有所预感。

由于用户体验的多学科交叉性，其具有主观性、动态性、环境依赖性等特点，迄今还未对用户体验的定义形成统一概念。目前被广泛接受的是 ISO 9241-210 标准给出的定义："人们对于针对使用或期望使用的产品、系统或者服务的认知印象和回应。" ISO 同时给予了补充说明，即用户体验包含了用户在使用一个产品或系统之前、使用过程以及使用之后全部的感受，而且包括人的生理和心理反应、情感、喜好、认知印象、行为与成就以及信仰等各个方面。因此，影响用户体验的要素包含三个：产品系统、用户和使用环境。

用户体验在交互设计中提及较多，主要指用户使用网站或软件的功能或操作界面过程中形成的一系列心理感受，包括使用的整体感觉和印象、是否能顺利达到预期目的、是否感觉享受、是否还会再次使用、是否存在漏洞或不足的程度等。产品设计中的用户体验则具有自身特殊性，主要关注产品如何与用户建立联系以及如何发挥预期效用，即要同时关注人如何"接触"和"使用"两个环节，而且人对使用的每件产品都会产生不同的用户体验。

用户对产品的体验过程包括知悉产品、详细研究、获得产品、安装使用、维护维修、报废回收等产品相关各个方面的服务。通常把用户与产品接触全过程的体验称为产品的全部用户体验（Total User Experience），产品使用仅是中间的一个环节，而与产品设计直接相关的用户体验仅是全部用户体验的一部分。

4.2 用户体验设计

4.2.1 用户体验设计的定义

用户体验设计（User Experience Design，UED），顾名思义，是一种以用户体验作为指导思想的设计方法。皮特·赖特（Peter Wright）等将用户体验设计定义为从属于体验设计体系结构的影响用户体验系统或策略的一种交互模型。内森·谢德罗夫（Nathan Shedroff）认为体验设计是企业把服务作为舞台、产品作为道具、环境作为布景，从而使用户在整个商业活动流程中感受到美好体验的过程，其本质是强调消费者在设计中的参与。总结而言，UED 是一项包含产品设计、服务、活动以及环境等多种因素的综合性设计，且每种因素都需充分考量个体或群体的需要、意愿、知识、技能、经验、信念等。

第1章
第2章
第3章
第4章
第5章
第6章
第7章
第8章
第9章
第10章
第11章
第12章

4.2.2　用户体验设计的发展及学科体系

用户体验设计是以计算机技术为基础逐步发展起来的，如图 4.1 所示。UED 理念最早兴起于人机交互设计领域，其理论体系发展可归纳为如图 4.2 所示的三个阶段。

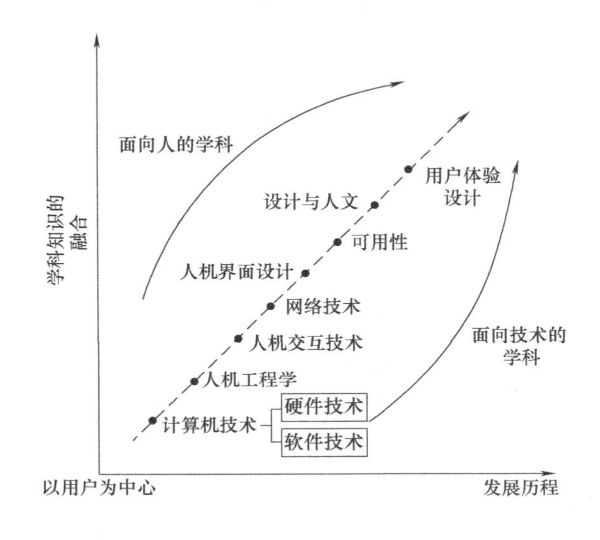

图 4.1　用户体验设计发展历程❶

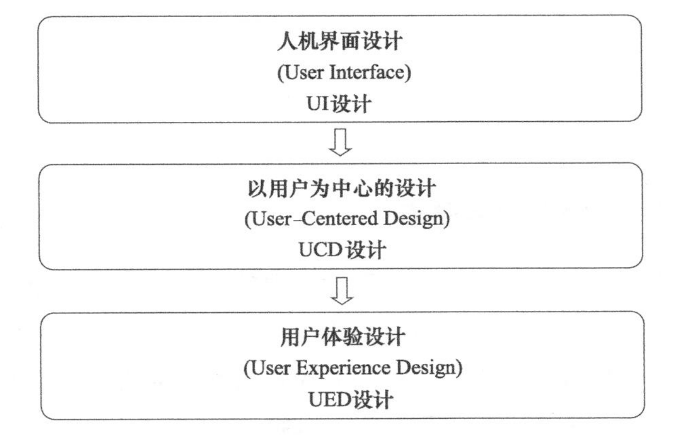

图 4.2　用户体验设计理论体系发展阶段

❶ 图片来源：罗仕鉴，朱上上．用户体验与产品创新设计［M］．北京：机械工业出版社，2010.

UED是一个典型的新兴交叉学科，其发展涉及多学科知识，一般包括面向人的学科、面向设计的学科和面向技术的学科三大类，但是随着用户体验应用领域的扩大，如数控机床等机电产品领域，用户体验的学科体系将进一步扩充，如图4.3所示，且技术方面也不再局限于计算机科学与技术，而扩展至工程技术等。UED通过集成与整合多学科知识，可以“跨界”去挖掘机会点，进而形成新的产品与服务，为用户带来更佳甚至全新的体验形式。

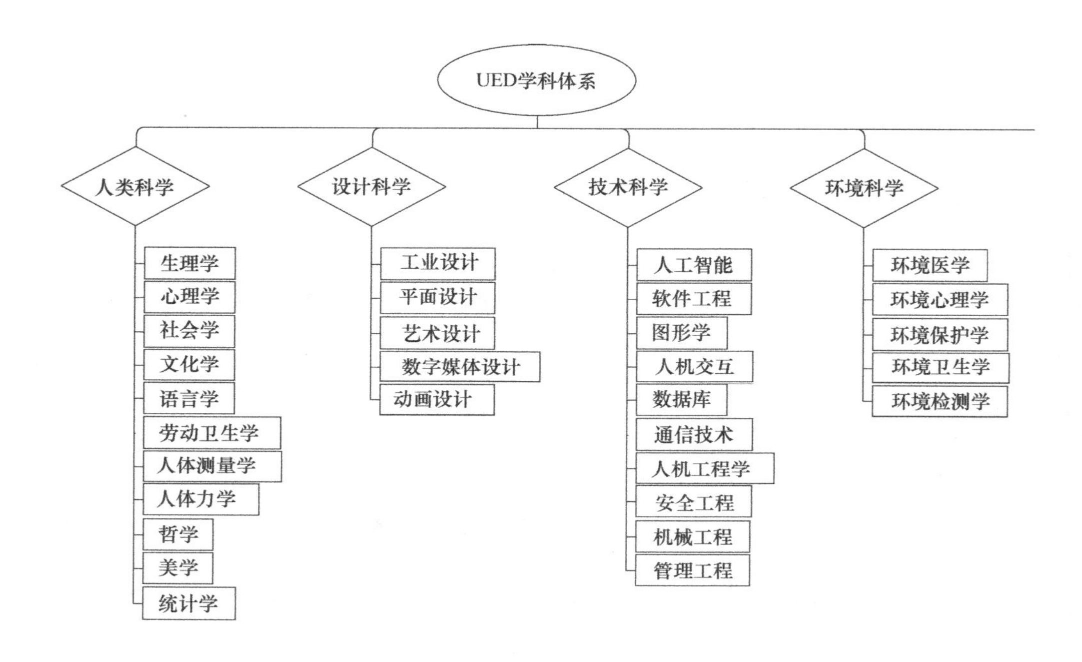

图4.3　UED学科体系

4.2.3　用户体验设计的特点

用户体验设计强调将用户的参与和设计师的设计工作相融合，以保证设计出的产品符合用户的真实需要。产品用户体验设计的目标从本质上可以归纳为三点：解决用户真实需求；减少用户理解和操作成本；为用户创造愉悦体验、留下美好而深刻的印象。用户体验设计具有几大特点。

① 设计以用户为导向，而不再像传统设计一样以设计师为主导。在整个产品开发周期中，用户无须被动等待设计结果，而是可以直接影响甚至参与设计过程，从而保证设计真正满足用户需要。

② 设计强调产品的易使用性和易理解性，即设计目标要保证用户能快速且

准确地理解产品操作方式。

③ 属于节约型设计策略。因能较准确地把握用户需求，可以避免不必要的产品功能，从而降低生产成本。借助正确的指导原则能加快设计与开发速度，有效缩短产品开发周期。

尼尔逊（Neilson）、诺曼（Norman）等专家认为用户体验设计应包含最终用户与企业以及产品与服务的所有方面的交互。通常提到最多和研究最多的用户体验来自网站、界面等，其体验主要集中于信息架构、界面设计、视觉设计以及导航设计等。由于该类产品几乎没有肢体的接触，即主要依靠视觉以及微量的触觉感知，体验好与坏的衡量标准主要看界面的合理性、美观性以及背后的技术支持，即程序的成功与否。数控机床产品的用户体验涉及范围要广得多，因素要多得多，因为数控机床是一类复杂的三维存在，且能被人体的多种感觉通道直接感知，传递信息的渠道更广，体验将更为复杂，设计涉及的因素将更多。

4.2.4 产品用户体验设计影响因素

(1) 社会环境

包括社会文化、生活方式、教育环境等社会生活中相互作用的各类因素，均会影响体验的方式和结果。如当前人口结构的老龄化，互联网式的消费与娱乐，微信、QQ等虚拟社交模式的流行等，都将影响用户研究和体验设计方式的选择。

(2) 科技发展

科技是社会和经济发展的主导力量，科技的发展变化直接影响着设计的方式与方向。产品采用的技术手段与水平不同，用户对产品的期望值与体验标准将有较大差异。

(3) 用户类型

产品用户类型不同，性别、年龄段、职业背景、相关产品使用经验、个人能力、审美偏好等均有较大差异，体验设计必须有针对性调整。

(4) 企业重视度

企业对用户体验设计的重视度不同，在其中投入的时间、人力、财力将有较大区别，甚至产品设计阶段在整个产品开发周期中所处的位置和权限都会不同，自然体验设计的方法、流程、效果也会有所差异。目前已有许多知名企业认识到了用户体验设计的重要价值，但国内企业，尤其是实体产品领域对这方面的重视度还远远不够。

(5) 使用环境

产品使用场所与环境对用户体验结果会产生一定影响，因此进行体验设计时需充分考虑可能涉及的各类使用环境特性。

4.3 研究方法

用户是用户体验设计的核心，相关研究方法主要针对用户进行。但因用户体验主要应用于互联网和软件开发领域，并不是所有方法都适应于传统产品开发，需要根据产品类型和需解决的问题进行有针对性的选择。

4.3.1 研究方法的分类

从不同的角度可以将研究方法分为不同类型，通常可以从两个角度进行分类，如图4.4所示。

两种分类标准有时是相通的，仅是侧重点不同，研究方法很多时候是交叉重叠的。用户体验研究与可用性测试（Usability Testing）并不完全等同，为了挖掘并最终满足用户需求，需要涉及多种定性和定量研究方法。相应地，为了获得用户不同类型的反应规律，也需采用不同的生理、心理和行为研究方法，三者各自特点见表4.1所示。

表4.1 三类研究方法特点

研究方法类型	研究内容	研究方法
生理研究	人体生理尺寸、生物力学等信息的采集与整理	实测法、观察法、实验法等人机工程学相关研究方法
心理研究	研究人的理解、需求、经验、动机、习惯、经历等	问卷调查、访谈法、观察法等
行为研究	研究人的使用方式和日常行为，能挖掘出更多有价值的隐性信息	观察法、实验法等

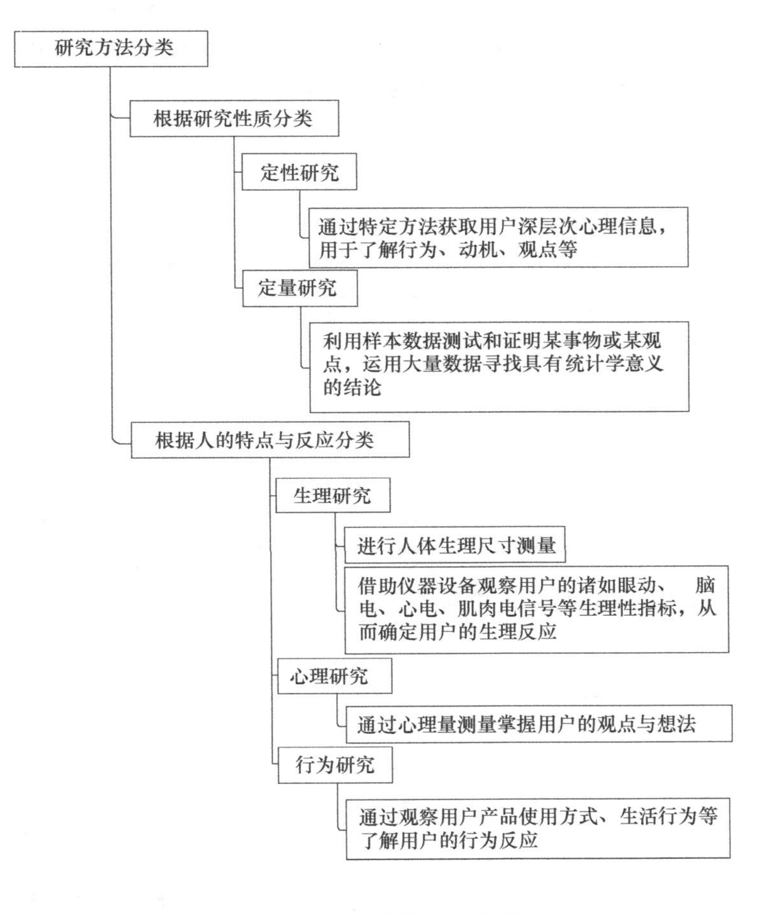

图 4.4　研究方法分类

4.3.2　常用研究方法

比较适合数控机床等机电产品设计开发的有以下一些研究方法。其中有定性也有定量研究方法，某些方法甚至有所交叉或归属，进行产品设计时应根据需要灵活选用。

4.3.2.1　群体文化学

原本属于人类史学领域用于文化群落学研究的方法，现被用于产品设计初级阶段的研究，是一种典型的定性研究方法。群体文化学原本是指通过实地调查，观察并总结群体行为、活动模式、信仰等，现在更结合了新技术用于观察、记录、分析整个社会状况。现代群体文化学的应用不再局限于人类学，还能针对消费者关于产品功能、造型、色彩、材质、购买模式等特点进行描述性与预见性的预测。常用的群体文化学研究方法包括观察法、访谈法、视觉故事等。

4.3.2.2 情境分析法

又称脚本法或前景描述法，是指设定某种现象或趋势持续存在，在此基础上预测对象可能发生的情况或引起的后果的方法。情境分析法是一种相对直观的定性预测方法，通常用于推测或预想用户未来的行为或态度。

4.3.2.3 用户访谈法

借助谈话交流的方式获得用户对于某类产品的体验信息。该方法可以为用户提供主动表达想法与观点的机会，能更深入了解用户，获取更多用户的体验感受，弥补设计师思考时的片面性。根据访谈形式的不同可以将其细分为面对面访谈、互联网访谈和电话访谈，三者特点如表 4.2 所示。

表 4.2　用户访谈法的分类

访谈类型	访谈形式	适用范围
面对面访谈	与受访者直接进行面对面的交流，通常与观察法配合使用	最核心、最主要的访谈方法
互联网访谈	与受访者通过互联网进行交流	• 用于用户不愿意接受面对面访谈时 • 对面对面访谈的补充
电话访谈	与受访者通过电话进行交流	• 用于用户不愿意接受面对面访谈时 • 对面对面访谈的补充

用户访谈与普通的谈话相比目的性更强，因此需要提前准备谈话的内容与方式，以便能在规定时间内获取更多用户对产品态度、偏好、意见等信息。具体访谈时可以采用由表及里、由浅入深的方式，围绕产品目标逐步展开。

4.3.2.4 问卷调查法

借助问卷，用结构化的方式获得大量样本用户对某些特定问题的看法的调研方法。问卷形式分为结构问卷和非结构问卷两种，区别是前者提供选项以供选择，后者不限定答案且可以自由表达。两种形式各有利弊，问卷设计时应根据实际情况灵活选用。

可以通过纸质问卷以现场或邮寄的形式进行调研，也可以通过电话、互联网等方式调研，但目前主流的方式是通过现场纸质问卷或互联网问卷完成。互联网形式主要通过电子邮件发放问卷或是基于网页的问卷调研。

4.3.2.5 用户观察法

又称行为观察法，通过记录用户使用产品时的行为与表现收集用户数据。在真实使用产品时，大部分用户都很难准确描述或评估自身行为，而通过观察法能更加客观、全面、细致地了解与分析用户使用产品的流程、习惯，分析出共性问题或潜在问题。观察法可以弥补问卷调查法、用户访谈法等的主观性与不精确性问题。具体操作时观察人员应注意观察研究对象的面部表情、肢体动作、具体操作时的动作细节等。

根据观察的形式和地点可以将观察法分为三类，如表4.3所示。另外，观察的同时可以进行记录，记录的方式以视频为佳，可以通过反复观看、分析发现很多有价值的信息。

表4.3 根据观察形式和地点进行的观察法分类

类型	方法要点	特点分析
自然环境下观察	自然环境下旁观，被观察对象不知道自己被观察	收集到的用户信息较准确，但所花时间较久
实地环境下观察	观察员作为观察者或者参与者进行观察，后者知道自己被观察	可以与用户访谈同时进行，能通过语言等获取用户更多信息，但对观察员能力要求较高，且观察结果可能部分失真
受控环境下观察	观察者在受控环境如实验室等特定环境对用户进行观察	通常用于可用性测试，发现可用性问题

4.3.2.6 焦点小组法

又称小组座谈法，采用小组座谈会形式，由用户研究相关人员邀请若干名当前或潜在用户聚集在一起，以讨论的形式进行用户数据的收集。一般邀请8～10名用户参与回答一系列与产品相关的问题，同时记录用户对产品概念、使用等的主客观感受。具体进行时，主持人问问题的顺序最好是先易后难，先谈用户的使用行为或结果，再谈用户的观点与态度，整个讨论时间一般控制在2小时左右。焦点小组讨论形式应是自由开发的，但实际上主持人应按照预先计划提出相关问题。

该方法能随时观察小组内人员的动态变化和问题，收集信息有效性较高，且花费时间较短，但是对主持人要求较高，且前期组织、准备的工作较多。因涉及人员较多，所以协调时间、地点相对困难。

4.4 基于用户体验的代表性产品设计流程分析

基于用户体验的设计流程还未在传统的机电产品领域成型，但在快速发展的互联网产品领域有一定成果，一些用户先行企业在实践过程中已总结出较成熟的基于用户体验的产品开发流程，值得借鉴。

如图4.5所示为阿里旺旺产品项目UED流程，主要针对互联网软件类产品开发。整体流程是“需求分析→原型设计→专家评审→交互DEMO→用户测试→视觉界面→切割编码→发布跟踪→需求分析”完整闭环系统。可以将其精简为5个阶段进行分析：需求分析→交互设计→视觉设计→程序实现→发布跟踪。其中“需求分析”从4个方面进行，总体是综合商业目标和用户需求两方面确定产品需求；交互设计的重心是原型设计，这是互联网产品开发的低级阶段，通常是停留在创意阶段的纸质原型，接着制作出交互DEMO，确定交互方式，经用户测试后便可确定最终交互形式；视觉设计主要基于交互的架构进行界面的设计与制作；程序实现需通过切割编码、切割页面、编写HTML等一系列工作完成；最后完成相关发布跟踪的工作。

如图4.6所示为在网易多款产品设计体验负责人刘津的力作《破茧成蝶：用户体验设计师的成长之路》中的一张图，作者用该图说明体验设计师与其他人员合作的重要性，但它同时也是一个典型的基于用户体验的互联网产品开发流程图。

如图4.7所示为联想用户研究中心总结出的产品设计规划流程，主要针对手机、计算机等电子产品的设计研发。由于消费类电子产品的研发周期较长，动辄半年、一年，甚至长达两三年，把每个流程进行精细化利用，保证最后做出的产品符合最初的产品定义，但风险是因时间跨度较长，最终的产品不一定能满足市场环境的发展以及用户需求的变化。另外，因各环节是一环扣一环的串联式，研发效率值得深思。

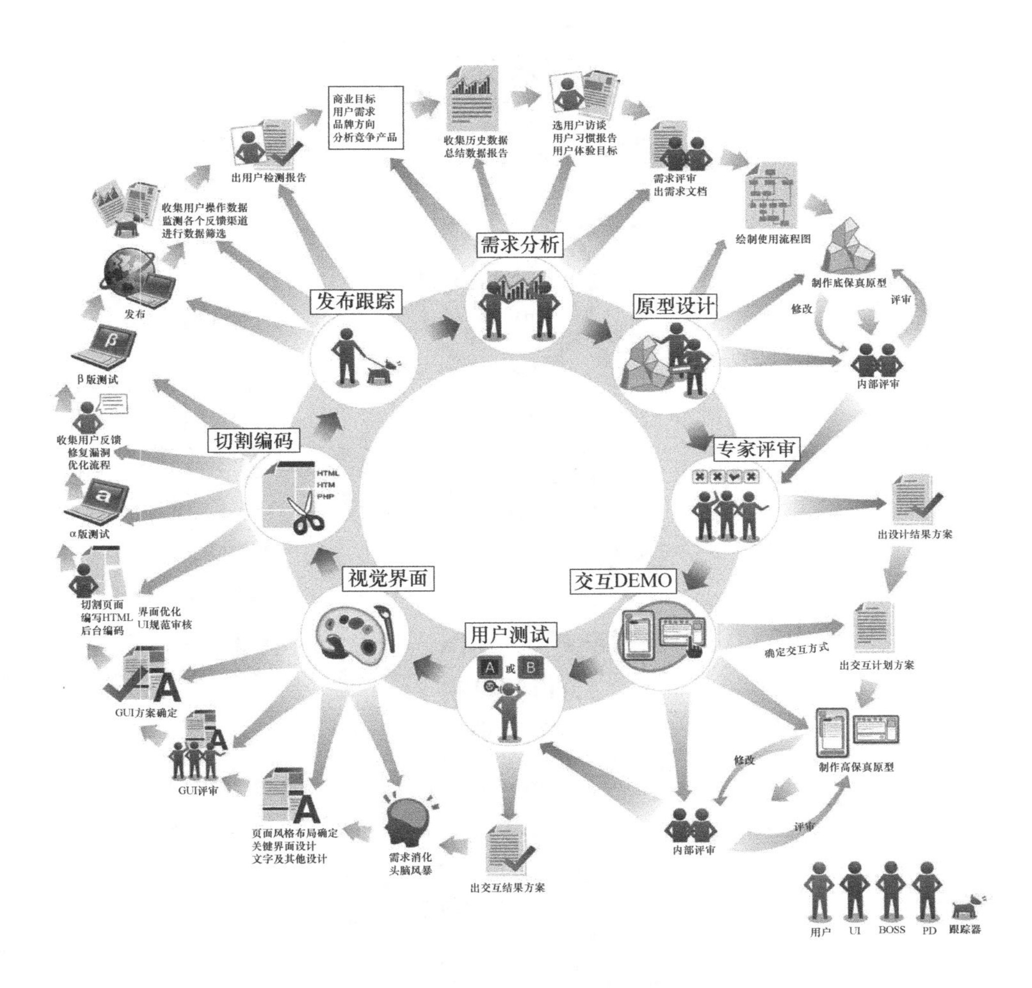

图 4.5　阿里旺旺产品项目 UED 流程❶

---

❶　图片来源：阿里旺旺产品项目组。

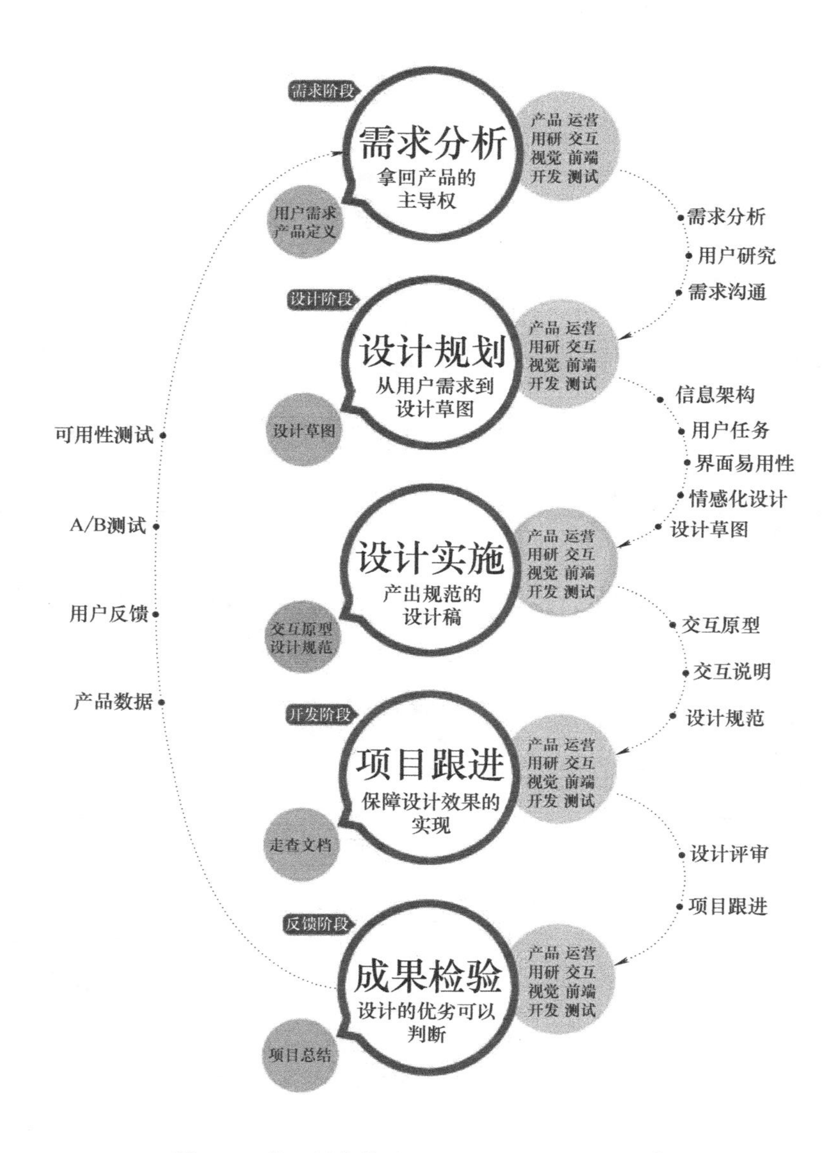

图 4.6　基于用户体验的互联网产品开发流程❶

---

❶ 图片来源：刘津，李月．破茧成蝶：用户体验设计师的成长之路［M］．北京：人民邮电出版社，2014.

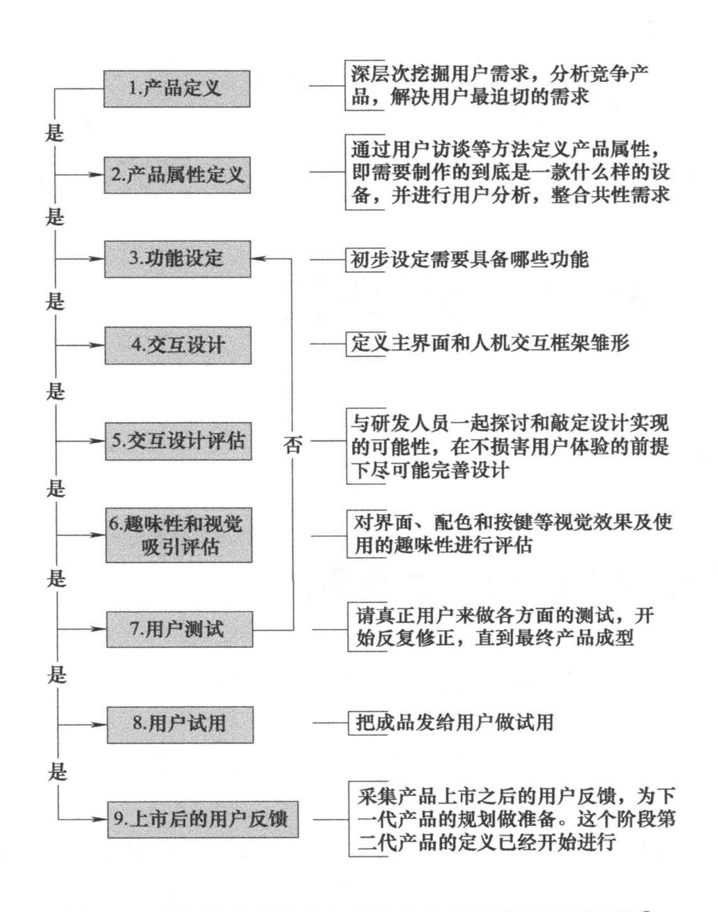

图 4.7　联想用户研究中心总结出的产品设计规划流程❶

❶ 图片来源：联想用户研究中心。

第5章 数控机床用户特征研究

5.1 数控机床用户研究的重要性

从人的角度可以将产品分为普通用户产品和产业用户产品两大类。两者具有如下三大区别。

① 普通用户产品的服务对象为普通大众，而产业用户产品的服务对象为某类特殊群体。

② 普通用户产品的使用者通常未经专业训练、没有技术与管理经验，或者说该类产品未对用户提出特殊要求；产业用户产品的使用者一般都经过技能培训，具备高技术水平和管理经验。

③ 普通用户产品通常由本人或亲朋购买；产业用户产品一般由相关采购部门购买。

数控机床作为一类典型的产业用户产品，属于技术密集型，具有自身的特点。相应地，相关用户群在与数控机床产品互动时将表现出一定的共性特征，这对产品设计十分重要，因为具有假想性与盲目性的产品开发不可能使用户获得满意的体验与感受。用户特征分析与体验研究要贯穿这个产品开发过程。

未来学家约翰·耐斯比特（John Naisbitt）曾经说过，随着社会中的技术越来越多，变化越来越快，我们就越希望能创造高情感的环境，从而用产品或技术软性的一面去平衡硬性的一面。软性的一面即指产品具有设计的人性化、注重设计体验，能够通过情感打动人。科技与情感的平衡将是人类社会进步与发展的必然选择。数控机床虽然主要强调技术和性能，但人仍是其发挥最佳性能的关键环节，数控机床的设计不应该仅仅借助高科技实现某些功能来帮助人解决问题、借助高效和精确性征服人，同时应运用丰富的情感体验打动和愉悦操作者。

数控机床的设计、制造以及使用过程综合表明，数控机床的工作质量和使用效率不仅取决于机床本身的质量和性能，更取决于操作者的劳动质量。人在生产过程中是操作者与控制者，是整个生产环节的主体，只有为用户提供良好的操作体验，满足其生理和心理需求，保持心情的舒畅，才可能最大化地调动用户的积极性，发挥其主观能动性，从而有效提高数控机床的生产效率。

5.2 数控机床用户类型

机床购买企业选购机床的目标是为了进行工业生产，创造效益和利润，机床的最大化利用率是关键，这涉及机床的使用和维护，之前还涉及机床的搬运和安装调试等。对于数控机床，用户类型可以分为两大类：直接用户和间接用户，如图 5.1 所示，根据用户体验的重要度可将其分成了 3 个级别。

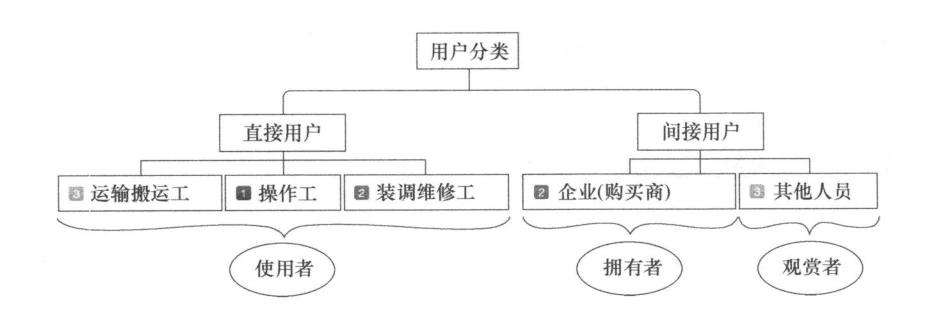

图 5.1　数控机床用户分类及级别划分

(1) 直接用户

与数控机床有直接接触的用户，属于产品使用者，包括以下几类。

① 操作工：对机床进行操作使用，发挥机器功能和价值的人。与机床联系最为紧密，直接接触时间最长。机床操作工良好的操作体验能提高机床生产效率，减少因操作失误造成的故障率。其人体生理参数、行为习惯、操作能力、性格审美等产品设计影响最大，应是用户体验设计的核心用户群，因此其重要度级别最高，定为 1。

② 运输搬运工：将数控机床运输搬运至指定使用场地，对产品产生直接的体验，但接触时间较短，影响较小，重要度级别低，定为 3。

③ 装调维修工：涉及数控机床的安装、调试、维护、维修等工作。对机床的接触频率和时间相对较少，但其工作效率和体验直接影响到机床的正常运行时间，良好的操作体验能减少日常维护和故障检修的时间，提高机器利用率，对企业效益具有一定影响，相对比较重要，故重要度级别定为2。在用户体验设计时应兼顾该类用户的体验需求。

良好的整体体验能保持甚至延长机器的使用寿命，使效益最大化。

(2) 间接用户

① 企业（购买商）：对数控机床产品进行评估采购，更重视产品的功能、技术参数、价格等（采购关注点参见2.1）。企业（购买商）是机器的拥有者，一般与机床产品没有直接接触，但对机床制造商至关重要，所以重要度级别定为2，设计时应兼顾该类用户需求。

② 其他人员：主要指企业相关管理人员、车间其他工人、企业外相关人员等，主要作为机床的观赏者，对营造企业车间整体环境和氛围、塑造品牌形象有一定影响，重要度级别定位3。

后续的用户研究主要针对机床操作工展开。

5.3 机床操作工岗位职责

制造企业需要各种高层次的数控机床操作工人，他们即是数控机床的主要用户群。企业管理规范不同、机床类型不同，机床操作工岗位职责有所差异，但基本职责包括：

① 熟悉设备性能，能熟练操作机床；

② 服从生产调度安排，按时、按量、按质完成各项生产任务；

③ 做好设备的日常保养，协助排除设备故障。

岗位职责对操作工相应的要求有：

① 熟悉机床基本构造和工作原理；

② 掌握机械制图和机械制造工艺基础理论知识，能看懂图纸、了解相关工艺技术标准与规范；

③ 能进行加工程序的编制；

④ 能处理与解决相关质量问题。

另外，未来数控机床对操作工的维修调试知识和技术将要求越来越高，因为未来的机床将越来越先进，且具备自诊断功能，但分析故障原因和维修仍需人来完成。操作工最好具备分析、诊断、维护和修理的能力。

简而言之，企业对机床操作工的要求为具备对机床设备的应用能力、操控能力、维护保养能力以及故障排除能力，从而高效率、高质量地完成企业任务，同时延长机床的使用寿命和利用率。

5.4 机床操作工群体特征

数控机床种类很多，应用领域非常广，涉及各地区、各行业、各种规模的企业、各种使用环境，操作工特点各不相同。通过文献总结和问卷调查，发现他们普遍存在一些共性。当然，虽说是共性，并不代表所有个体或对象都符合，这里尽量全面地进行了总结，在进行具体的项目设计时，可以依此有针对性地筛选和研究。

① 属于技术工人，培养周期一般比较长。例如一个高级技术工人需要 3～5 年的成长周期，长的甚至需要 5～10 年。

② 大部分属于高中、中专、大专等中等知识水平。

③ 熟悉数控设备的基本结构以及工件的加工流程等。

④ 具有较强的计算能力。

⑤ 具有较强的空间感以及形体知觉与色觉。

⑥ 手指、手臂等肢体灵活，具有较强的动作协调性。

⑦ 心理易受作业空间、美感因素等影响。

对操作者脑力劳动要求越来越高。随着数控机床性能的日益完善以及自动化程度、生产效率的日益提高，操作者除了体力劳动外，脑力劳动负荷日益增大，对其知识技能水平要求日益提高。未来，操作者的体力劳动依然存在，但主要的体力作业将集中于加工前的准备和加工后的部分后续工作。

第6章

数控机床用户体验层次模型的构建

6.1 需求与体验的关系

需求与体验的主体都是人，即产品的用户。需求是用户意愿的外在表现，人们会主动寻找能满足自身需求的事物；体验是人受到外界刺激后产生的内心反应，是一种无法提前预知的被动行为，只有刺激产生了，才能获知用户体验的结果。从产品角度来看，人的需求催生了产品，产品则促成了人的体验，产品是需求与体验的中转站。需求是用户体验的一个导向，研究用户需求的同时等于在收集体验信息，这种收集将是对体验效果的一种预测，即了解用户需求将能更好地预测用户体验。

6.2 数控机床用户需求总结

通过大量的资料收集、文献总结、用户访谈、观察以及现场研究总结出机床操作工在机床使用时普遍存在的问题以及需求：

① 希望机器能长时间保持正常有效地运转，而且一旦出现问题或故障时机器能及时提醒并采取措施，有些问题最好能给出解决方案或问题提示；

② 希望在初次使用时能快速有效地掌握各部件功能和基本操作流程；

③ 希望各个部件以及操作过程都是安全可靠的；

④ 有时会因个人原因产生误操作，希望通过视觉引导、造型语言等准确了解机器各部件功能和操作步骤，以免误操作，保障使用的安全性；

⑤ 希望机床看起来能亲切些、美观好看。

6.3 数控机床用户需求层次的确定

用户研究的目的是为了了解用户显性或隐性需求，这是针对具体人群采用的实践类操作方法，得到的是较具体的定性或定量数据，但相对不够宏观。马斯洛需求层次理论是从心理学角度对人类需求发展规律进行的宏观分析，是针对人类需求的共性研究，具有普遍适应性。

6.3.1 用户需求词汇的选取

美国心理学家亚伯拉罕·马斯洛是人本主义心理学创始人之一，他强调人的主观活动，认为人的需求既有生理的，也有心理的，而一直以来驱动人类的正是一些不曾改变的、遗传和本能需求。需求具有递进关系，当人的一种需求得到满足时，更高级别的需求就会出现，而后者将会起主导作用。马斯洛将人类需求分为生理需求、安全需求、社交需求、尊重需求和自我实现需求五个逐步递进的需求层次。

在头脑风暴的基础上，根据人的普遍需求规律、机床产品宣传用语、对操作工人的交流与访谈等，收集并汇总数控机床用户需求描述用语。运用主观评价法，删除含义重叠或相近以及相对生僻词汇，最后从使用、安全、美观等多角度筛选出 40 个可以描述数控机床用户需求的词汇，且所选词汇尽量浅显易懂。邀请 30 名机床操作工从中勾选出最理想的数控机床应具备特征的词汇，其中勾选次数达到 10 次以上的词汇如表 6.1 所示。

表 6.1　能描述用户对数控机床需求的词汇

用户需求词汇	选取量/次	用户需求词汇	选取量/次	用户需求词汇	选取量/次
美观	17	安全	25	实用	26
稳重	13	操作舒适	18	多功能	16
易操作	25	效率高	22	个性化	12
成就感	15	实现自我价值	11	让人心情愉悦	15
易保养	11	易清洁	27	易调试	13

第1章 第2章 第3章 第4章 第5章 第6章 第7章 第8章 第9章 第10章 第11章 第12章

6.3.2 用户需求词汇分类

综合分析马斯洛人类需求层次、彼得·莫维里（Peter Morvile）关于用户体验需要满足的蜂巢图、罗仕鉴关于用户体验的5个需求层次、朱琪琪关于可用性目标与用户体验的关系图等，针对数控机床产品特点，初步将数控机床操作工用户需求相应地分为安全需求、情感需求、操作需求、维护保养需求和自我实现需求5类。通过焦点小组讨论将表6.1中能描述用户对数控机床需求的词汇分别汇总至对应类别，如表6.2所示。

表6.2 数控机床用户需求词汇分类

需求类型	用户需求词汇	选取量/次	用户需求词汇	选取量/次	用户需求词汇	选取量/次	用户需求词汇	选取量/次
安全需求	安全	25	操作舒适	18				
情感需求	美观	17	稳重	13	个性化	12	让人心情愉悦	15
操作需求	实用	26	多功能	16	易操作	25	效率高	22
维护保养需求	易保养	11	易清洁	27	易调试	13		
自我实现需求	成就感	15	实现自我价值	11				

6.3.3 用户需求层次的确定

取用户需求类别所属词汇量的最小值，表6.2中“安全需求”和“自我实现需求”所属词汇量均为2，为最小值，故每个用户需求类型均保留2个需求词汇，保留依据为“选取次数”最多的前两位，计算其选取次数平均值，并进行重要度排序，最后结果如表6.3所示。

以需求词汇作为评价标准的调研统计得出，数控机床用户需求层次递进关系为：操作需求、安全需求、维护保养需求、情感需求和自我实现需求。

表 6.3　数控机床用户需求类型重要度排序

需求类型	用户需求词汇	选取量/次	用户需求词汇	选取量/次	需求量均值/次	重要度排序
安全需求	安全	25	操作舒适	18	21.5	2
情感需求	美观	17	让人心情愉悦	15	16	4
操作需求	实用	26	易操作	25	25.5	1
维护保养需求	易清洁	27	易调试	13	20	3
自我实现需求	成就感	15	实现自我价值	11	13	5

6.3.4　用户需求层次的验证

通过对数控机床用户的调研，运用定量统计法计算各需求类型的权重，从而验证数控机床用户需求的层次。

① 通过问卷调查，邀请 30 名机床操作工对以上 5 类需求根据重要性排序，所得统计结果如表 6.4 所示。

表 6.4　需求类型重要性调研汇总

需求类型	重要性排序(最重要的排序为 1，依次类推)				
	第 1 位	第 2 位	第 3 位	第 4 位	第 5 位
安全需求	9	8	7	6	0
情感需求	0	1	7	18	4
需求	21	9	0	0	0

续表

需求类型	重要性排序(最重要的排序为1,依次类推)				
	第1位	第2位	第3位	第4位	第5位
维护保养需求	0	12	16	2	0
自我实现需求	0	0	0	4	26

② 计算每个排序的权重。把排序第1位的需求类型计为5分，第2位的需求类型计为4分，依次类推，第5位的需求类型计为1分，则排序第1～第5位的权重分别为：5/(1+2+3+4+5)=0.333；4/(1+2+3+4+5)=0.267；3/(1+2+3+4+5)=0.200；2/(1+2+3+4+5)=0.133；1/(1+2+3+4+5)=0.067。

③ 计算每个用户需求类型的权重。类型“安全需求”的权重=(9×0.333+8×0.267+7×0.200+6×0.133)/{(9×0.333+8×0.267+7×0.200+6×0.133)+(1×0.267+7×0.200+18×0.133+4×0.067)+(21×0.333+9×0.267)+(12×0.267+16×0.200+2×0.133)+(4×0.133+26×0.067)}=0.244。

同理，类型“情感需求”的权重=0.144；类型“操作需求”的权重=0.313；类型“情维护保养需求”的权重=0.222；类型“自我实现需求”的权重=0.076。

④ 根据权重对数控机床用户需求类型进行排序，结果如表6.5所示。

表6.5 需求类型权重及排序

需求类型	安全健康需求	情感需求	操作需求	维护保养需求	自我实现需求
权重	0.244	0.144	0.313	0.222	0.076
排序	2	4	1	3	5

以用户对需求类型重要性排序为评价标准的调研统计得出，数控机床用户需求层次递进关系为：操作需求、安全需求、维护保养需求、情感需求和自我实现需求。与前面以需求词汇作为评价标准的调研统计结果一致。

6.3.5 用户需求层次模型绘制

由此得出数控机床用户需求层次模型，如图6.1所示。

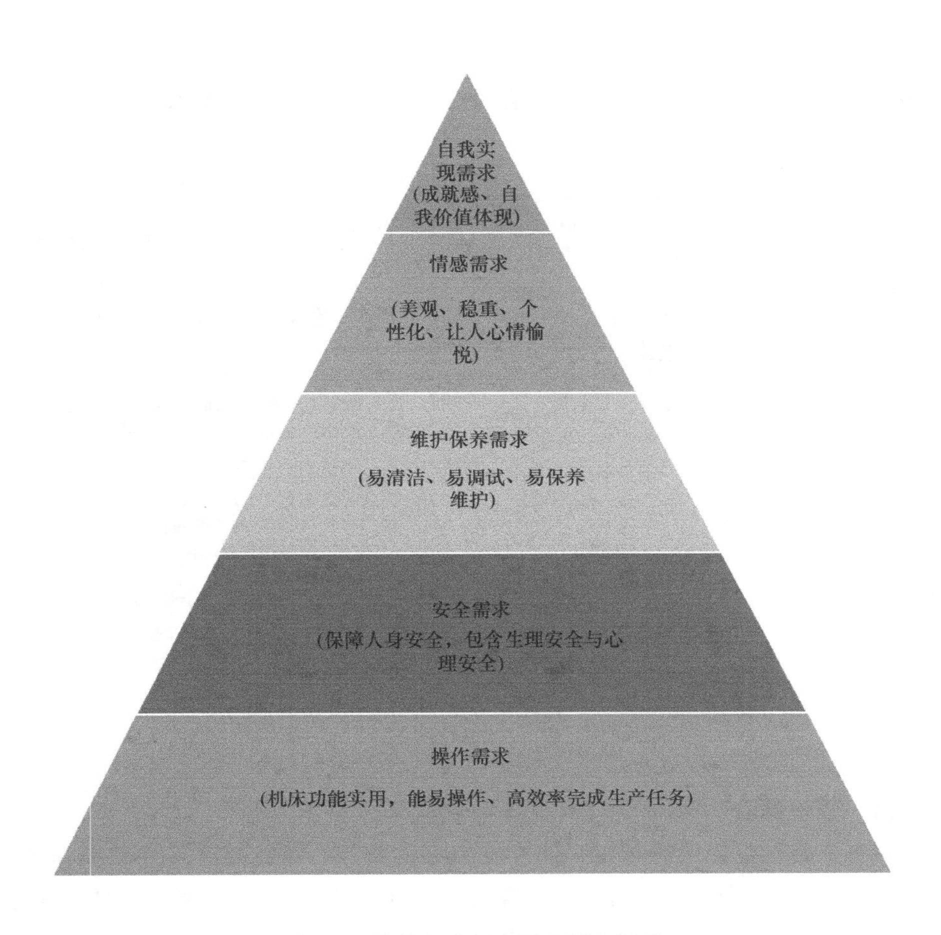

图 6.1　数控机床用户需求层次模型

6.4 数控机床用户体验层次模型

综合分析数控机床操作工用户宏观需求层次以及具体需求类型，建立用户体验层次模型，如图 6.2 所示。其中对于用户的“自我实现需求”，企业通常希望借助品牌价值、产品形象等体现，故在用户体验中，将其称为“品牌体验”。即数控机床用户体验层次模式包含五大体验类型：操作体验、安全体验、维护保养体验、情感体验和品牌体验。

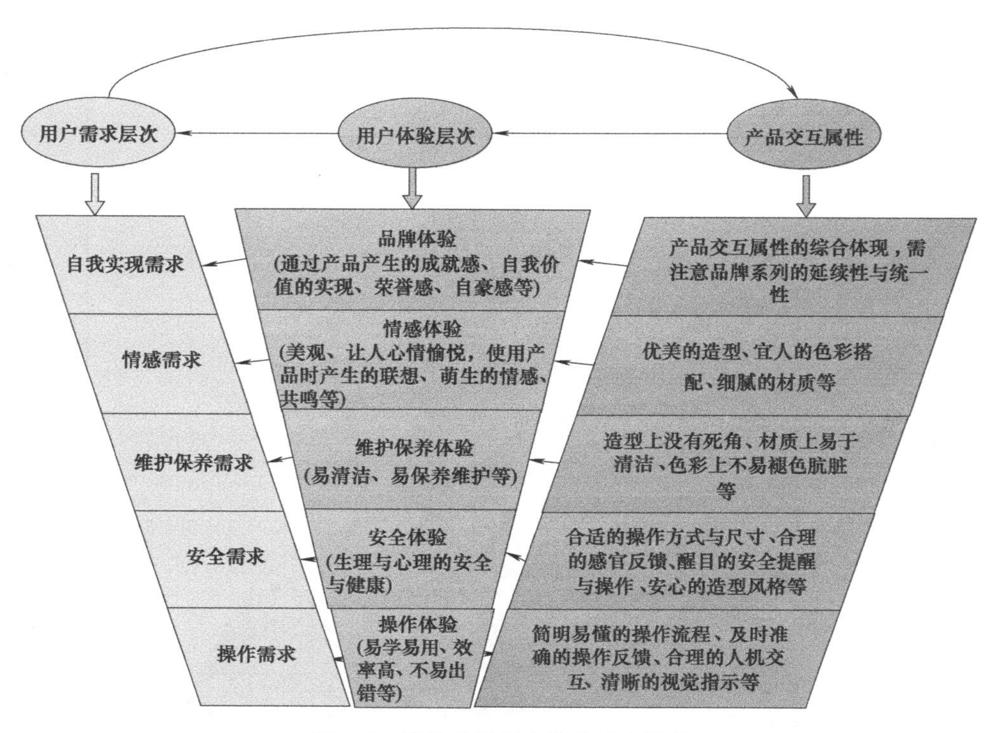

图 6.2 数控机床用户体验层次模型

(1) 操作体验

只有产品能在使用时与用户间存在良好的交互，才能拥有良好的操作体验。数控机床自动化与智能化程度越高，需要人进行的操作越少，使用的方便性和舒适性显得越重要。在具体设计时，必须考虑人体生理特征，如静态尺寸、动态尺寸以及作业姿势和空间活动范围等确定相关部件尺寸，根据人的认知习惯与行为习惯设计操作流程或使用模式，从而让用户使用产品时感觉易学、易懂、易操作。

(2) 安全体验

安全感是人类的基本需求之一，人在任何环境下都有着安全需求。安全问题伴随生产而产生，在生产环境中，安全更是重中之重。健康是人工作的重要需要，虽然由于某些职业原因或者因为设计不合理导致某些职业病的高发，但这对用户的体验结果影响较大。因为安全与健康两者通常伴随而生，这里将其作为一类，也是比较基本的一个体验类型，还是数控机床造型设计的重要考虑因素。如通过合理的尺寸、醒目的警示装置、不会被无意触碰到的按钮开关、全封闭的整体设计等，能给人生理上的安全感和舒适性；饱满的整体造型、精湛的产品加工工艺、沉稳的着色等能提供人心理上的安全感。

(3) 维护保养体验

对机床进行定期的维护保养是保障机床正常运行，延长其使用寿命的必要需求。没有死角的造型、易清洁的材质、易维护的方式等都能提高操作人员日常清洁与维护的效率和效果，提高其体验值，也是产品造型设计应该考虑并实现的。

(4) 情感体验

产品的功能不仅应满足用户物质层面需求，好的用户体验应能让用户借助产品传达心理情感的过程。能满足用户内心情感需求产品的附加值有时远远超过其本身价值，而附加值正是用户情感的体现。审美需求是一种内在情感诉求，是和形式进行直接感情交流的欲望。未来增加机床产品的附加值，提升用户情感体验，除了在造型、材质、工艺等方面进行改良与创新设计外，还需迎合用户的审美偏好、心理特征和内心需要。

(5) 品牌体验

让用户在长期使用、综合体验机床上对产品品牌形成统一的形象与良好的印象，对其品牌产生心理上的信赖感，将有助于增强用户对产品的认可和品牌忠诚度。而用户也能通过品牌产品寻求自我价值的体现。

第7章 数控机床用户体验交互模型

7.1 数控机床用户体验过程

用户在使用产品的过程中，从开始接触、学习使用到熟练使用，随着时间的推移具有不同的体验特征，即周期性。因此，在进行用户体验研究时必须界定体验时间范围，按照时间的长短与先后可将产品用户体验流程分为三类。

① 即时体验：较短时间内用户从产品属性、细节上产生的交互体验信息，如进行每一步操作时产生的体验或第一眼看到产品时的体验。

② 经历性体验：一段时间完成一个使用阶段后产生的经历，如使用产品一段时间或完成产品一个功能周期后的经历或情境回忆。

③ 累积性体验：长期、反复多次使用产品后产生的累积性的整体体验。经历性体验的每次累积和更新都会使用户对产生重新的认识。

关注即时体验利于判断产品设计细节对用户产生的影响；关注经历性体验利于判断用户对产品功能、操作方式、整体设计的直观感受；关注累积性体验利于判断产品整体对用户体验产生的最终影响。前两者利于产品开发前期阶段性设计和细节设计，后者利于借助长期持续的用户体验创造用户忠诚度。不同的产品类型、产品不同的体验周期阶段、产品的不同设计阶段关注的体验周期类型也将不同。

基于数控机床的用户体验过程如图 7.1 所示。

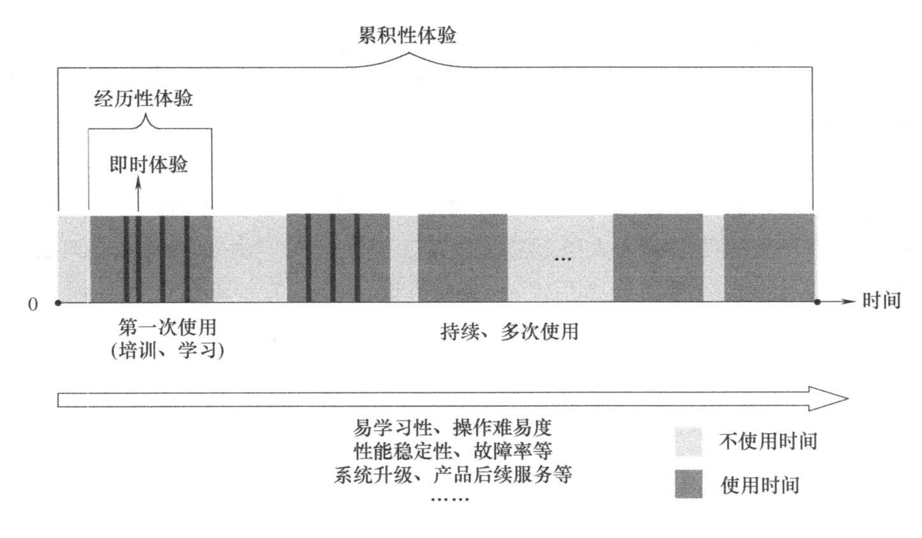

图 7.1　基于数控机床的用户体验过程

7.2　基于体验的人体循环模型

用户体验的本质在于人与外界的交互，并由此产生的各种主观感受，而体验的媒介应是“信息”。如图 7.2 所示，人体在与外界交互的过程中，信息在人的

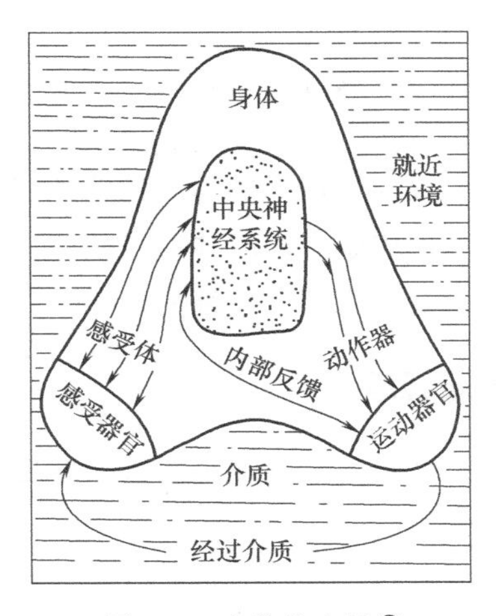

图 7.2　人体信息链❶

❶　图片来源：丁玉兰．人机工程学［M］．第四版．北京：北京理工大学出版社，2011.

神经系统循环过程中形成了信息链：感受器官对信息的“输入”和运动器官对信息的“输出”，人的中央神经系统自然是对信息的处理，并经由大脑做出一系列感知和判断。

心理学中有个概念叫“感知觉”，指客观事物直接作用于感受器官而在大脑里产生的反映，这与用户体验理论里所谓的“体验”是部分相通的。从人体内部分析体验的产生即可理解为人通过感受器官、运动器官与外部的信息循环经中央神经系统被人的大脑感知分析后产生的感知觉，如图 7.3 所示，而且属于 PEC 里的“即时体验”。

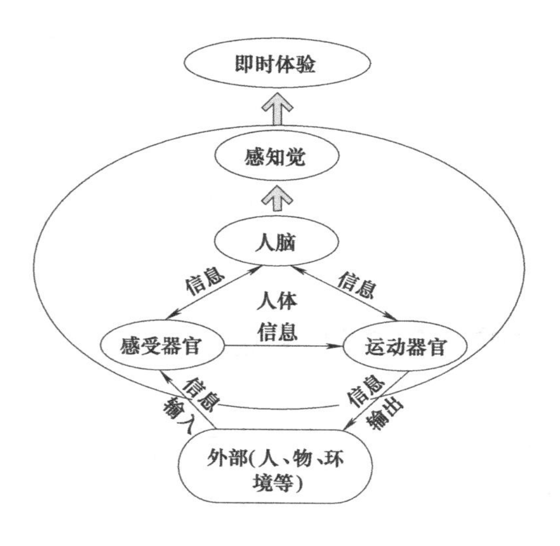

图 7.3 基于体验的人体循环模型

随着使用时间的持续和累加，用户的即时体验逐步成为经历性体验、累积性体验，从而构成综合性的用户体验。即时体验是用户体验的基础，用户体验的形成同时受到用户自身背景以及外部环境系统的影响，其相互关系如图 7.4 所示。

7.2.1 人体验的感知通道

人的体验根据输入的信息产生，人信息的输入主要依靠各种感知通道。

(1) 视觉通道

视觉是人体感知外部刺激最主要的通道。视觉的适宜刺激类型为光，感受器官为眼睛。要想感知到视觉体验必须具备构成视觉现象的三要素：物体、眼睛和光线，而且要求光线必须具备适宜的刺激与视距，视角也必须达到一定的要求。

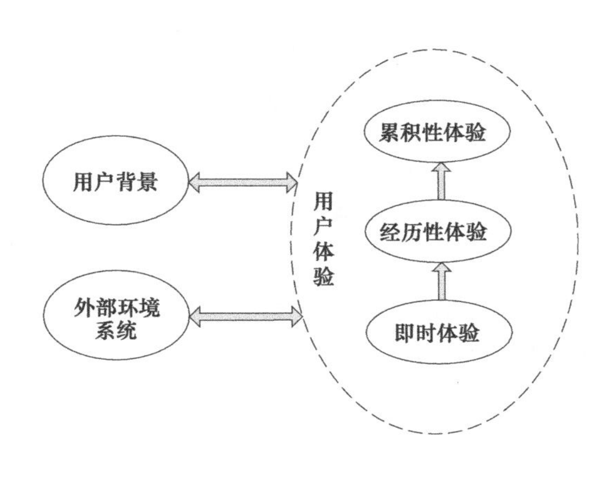

图 7.4　用户体验交互系统

若想达到较好的视觉体验，还必须考虑双眼视觉与立体视觉、色觉和色视野、明适应与暗适应几大机能规律。视觉通道特点如表 7.1 所示。

表 7.1　视觉通道特点

优点	• 可在短时间获取大量信息 • 对信息敏感，反应速度快 • 可利用文字、形状、颜色等传递不同性质信息 • 不易残留以往信息
缺点	• 长期刺激，容易疲劳 • 易受环境光线、观察距离等影响 • 具有一定的方向性，受一定视野范围限制 • 间接获得，易发生视错觉 • 判断易受经验影响
影响因素	• 视力、视野、视距、视角 • 环境光的亮度、稳定性

(2) 听觉通道

听觉是人的第二大感受通道，适宜刺激为声音，感受器官为耳朵。听觉是一种比视觉传递速度更快的通道，在危急时刻更易引起人的注意。人耳能感受到的声音频率上限具有随年龄增长而逐年下降的特征，因此在设计听觉传示装置时必须考虑用户年龄段和听觉的频率响应特征，同时还应考虑声音的掩蔽效应。听觉

第1章 第2章 第3章 第4章 第5章 第6章 第7章 第8章 第9章 第10章 第11章 第12章

通道特点如表 7.2 所示。

表 7.2 听觉通道特点

优点	• 传播速度快,不易受其他通道干扰 • 方向性不明显,不受方向和位置限制 • 人耳对高频声音的敏感度高于低频声音,设计时易于避免被低频声音干扰
缺点	• 能同时传递的形式与内容单一 • 听觉通道的不同信号源易产生干扰 • 实时信息,持续时间短
影响因素	• 声音的频率、响度 • 声源的传播距离和传播介质 • 环境嘈杂度

(3) 肤觉通道

肤觉是人体仅次于听觉的感觉通道，感受器官为皮肤，可以感受外部的多种刺激，产生触觉、痛觉、温觉、冷觉多种感觉。肤觉与视觉相比更为真实与细腻，是人与产品直接交互的主要途径，其特点如表 7.3 所示。

表 7.3 肤觉通道特点

优点	皮肤与物体必须直接接触,因此获取的体验直接、真实
缺点	• 条件限制较苛刻,距离必须足够近 • 在刺激的持续作用下,其感受性将发生变化
影响因素	• 接触皮肤的敏感度 • 物体的大小、形状、材质、肌理等

能够引起肤觉的刺激强度会因身体各部分的敏感度差异而有所不同。总体而言，人体头面部以及手指部位感受性较强而躯干和四肢感受性较弱，女性整体感受性略高于男性。

(4) 嗅觉

嗅觉的感受器官为鼻子，它虽然不像视觉、听觉等那么重要，但它与人的生活息息相关，且能让我们感受到其他感受通道不易获得的事物信息。在设计领域，嗅觉常被作为警报信号，如辨别煤气泄漏而防止中毒；作为烘托氛围的手段，如利用芬芳的香气让人感觉放松、心情愉快等，提升愉悦体验。

根据其原理，能对嗅觉产生刺激的主要是有机物质，且其必须具备挥发性。影响嗅觉的因素有嗅觉阈值、体积流速、刺激物的持续时间、嗅觉的相互作用等。鼻子对气味存在与否的感觉非常敏锐，但对具体气味种类的识别能力并不突出，一般只能识别 15～32 种常见刺激。而识别仅是强度有差异的刺激时，仅能识别 3～4 种不同强度。因此，在产品设计时利用嗅觉通道感觉某种气味的存在性是非常有效的。

(5) 味觉

味觉的感受器官为舌头，因其通道的特殊性，主要用于一些特殊的领域，与机电产品交互体验很难产生关系，这里不再分析。

7.2.2 人体验的反馈通道

随着科技的进步，机器能够理解并与之交互的人类反馈通道越来越多，除了最常见的手、脚操作外，语音、体态、面部表情，甚至眼球的运动轨迹、脑电波等也逐渐成为部分设备与人实现交互的方式。对于数控机床类产品，受到操作的可行性、使用环境等影响，人反馈的通道主要还是手与脚，而且手是最主要的方式。手与脚各自特点分别如表 7.4 和表 7.5 所示。

表 7.4 手部操控特点

优点	• 控制准确，能进行精细操作 • 操作灵活，形式多样，如能进行选择、滑动、按压等各类操作 • 辅以肢体变化，可操控的空间范围较广
缺点	• 能施加的力度范围相对较小 • 适宜操作的高度不宜太低 • 高强度的连续操作易于疲劳
影响因素	• 操作的部位、方式、方向等 • 需施力的速度、频率、大小、范围等 • 物体的大小、形状、粗糙度、位置等

表 7.5 脚部操控特点

优点	• 能施加的力度范围较大 • 适用于高强度的连续操作 • 能解放双手，扩展操作范围

续表

缺点	• 适用场合较少,仅适用于坐姿或单脚操作 • 控制的精准度相对较低 • 仅适用于操作位置相对固定的场合 • 适用的范围、方向、角度等受到一定局限
影响因素	• 操作的高度、方向等 • 需施力的速度、频率、大小、范围等 • 物体的大小、形状、粗糙度、位置等

7.2.3 人的感知觉

心理学中的“感知觉”即是人们平时所谓的“感觉”,也可以理解成用户体验理论里的“体验”,但其是一种即时性的短时体验。感知觉本质包含感觉与知觉,感觉指人脑对直接作用于人体感受器官客观事物个别属性的反映,包含视觉、听觉、味觉、嗅觉、皮肤觉、本体感觉等;知觉指人脑对直接作用于人体感受器官客观事物以及主观状况的整体反映。

(1) 感觉与知觉的关系

感觉与知觉都是外部客观事物直接作用至人体感受器官并在大脑产生的反映。但从人体感知觉过程分析,外部事物必须先被感觉才能被进一步知觉,即知觉产生于感觉的基础之上。而且人对事物细节属性感觉得越精确、越丰富,对事物的知觉也将越正确、越完整。

(2) 感觉与知觉的区别

两者的区别可以从三个方面来分析,如表 7.6 所示。

表 7.6 感觉与知觉的区别

区别	感觉	知觉
反映的事物属性	反映客观事物个别属性	反映客观事物整体特点
影响因素	取决于外部刺激物的性质,如声音的大小、色彩的对比度、气味的刺激性等	受人自身知识水平、经验、兴趣、动机等因素影响
结果属性	相对客观	带有人的意志成分,相对主观

(3) 感觉的特征

感觉的特征如表 7.7 所示。

表 7.7　感觉的特征

感觉特征	特征描述
适宜刺激	外部环境具有多种物质能量形式,人体不同感受器官仅对某一种能量形式的刺激敏感,这种能引起感受器官产生有效反映的刺激就称为对应感受器官的适宜刺激
感觉阈值	指能让人的对应感受器官产生感觉的刺激量范围,分为感觉阈上限、感觉阈下线、绝对感觉阈值和差别感受阈值
适应性	指人在感受器官受同一刺激物持续作用下感觉发生变化的特征。除了痛觉外,几乎所有感觉均存在适应性,只不过适应的表现和速度有所区别
相互作用	指各种感受器官在一定条件下对适宜刺激的感觉会因受到其他刺激的干扰而降低的现象
对比	指人的感觉因同一感受器官受两种不同但属于同类的刺激物作用而发生变化的现象
余觉	指受到某种刺激,待其取消后,人的感觉仍存在一段极短时间的现象

(4) 知觉的特征

知觉的特征如表 7.8 所示。

表 7.8　知觉的特征

知觉特征	特征描述
整体性	指人在知觉时会倾向于将由许多部分或多种属性组成的对象看作统一整体的特征。倾向于看作整体的特征有接近、连续、相似、封闭、具有美感的形态等。如设计心理学中的“完形”理论[1]便是运用了人知觉的整体性特征
选择性	指人在知觉时有选择地将某些对象作为主体从背景中优先区分出来并清晰感知的特征

[1] 完形理论:西方格式塔心理学派用来阐释审美经验形成的一个重要原理。其要旨是,人的心理天然地存在着一种“完形压强”,即当人们在知觉一个不规则、不完满的形状时,会产生一种内在的紧张力,这种内在的紧张力会促进大脑紧张的活动,以填补“缺陷”,使之成为完满的形状,从而达到内在平衡。

续表

知觉特征	特征描述
理解性	指人在知觉时会根据以往经验和认知来理解当前的知觉对象。语言引导或心理暗示等均能影响人知觉的理解性
恒常性	指外部刺激发生一定范围的变化而人的知觉印象保持相对不变的特征，如体量大小、形状、色彩、明度等
错觉	指人在知觉时对外界事物产生的不正确知觉。该特征常被用于设计实践中

感觉与知觉时间先后差很短，在实际生活中，人的感觉和知觉均是以知觉形式呈现出来的，直接反映客观事物，而感觉通常被作为知觉的组成部分存在于知觉当中。进行用户体验设计，本质便是借助对外界事物的设计，刺激人的各类感受器官，引导其按照设计师预设结果进行感觉进而知觉到外部事物，即达到设计目标，故研究人体感觉与知觉特征利于从人的角度进行产品设计。

7.3 数控机床用户体验交互模型

用户体验设计的本质在于协调“人-机-环境”系统的动态情境交互，其中包含多重结构与互动。

① 人⇌产品：感受、交互。

② 人⇌使用环境：使用场所、时间。

③ 人⇌人：各自角色与地位。

④ 产品⇌产品：相互作用与影响。

对于具体的产品设计而言，除了用户和产品本身，其他都应属于外部环境系统。

数控机床用户体验属于随操作时间累积的过程，每次操作都会产生即时体验，多次即时体验的积累加上外部环境系统、用户自身背景等因素的综合交互作用形成用户整体体验，其交互模型如图 7.5 所示。

7.3.1 数控机床交互因素

在数控机床用户体验交互系统中，如图 7.6 所示，数控机床体验因素包含两大类：功能循环系统和机床整体造型。其中功能循环系统包括信息显示系统、操

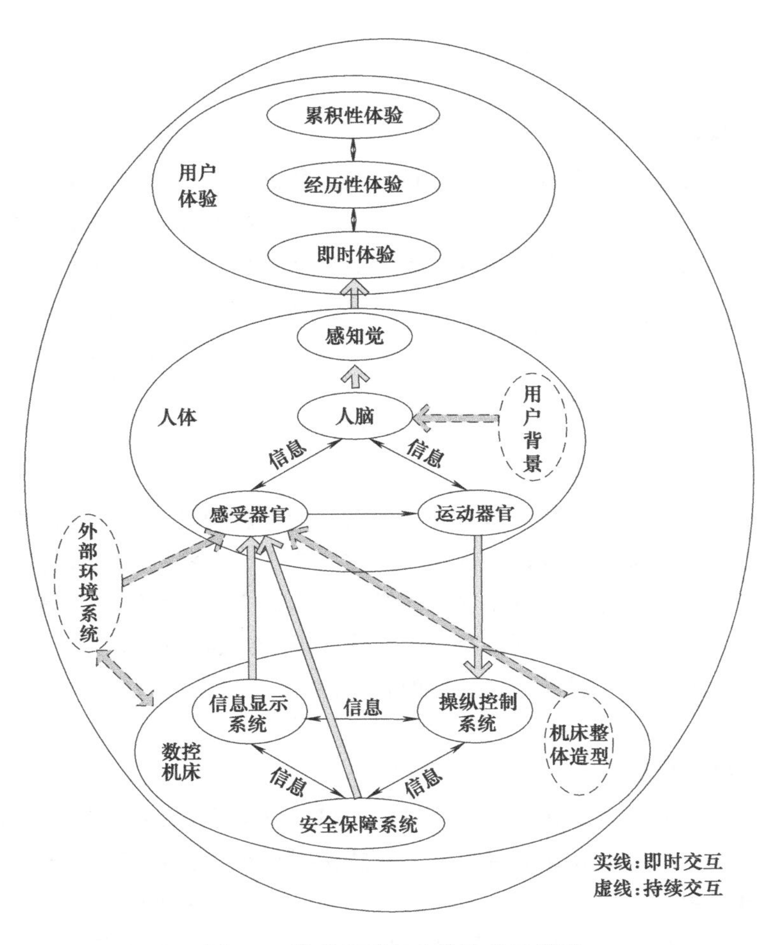

图 7.5　数控机床用户体验交互模型

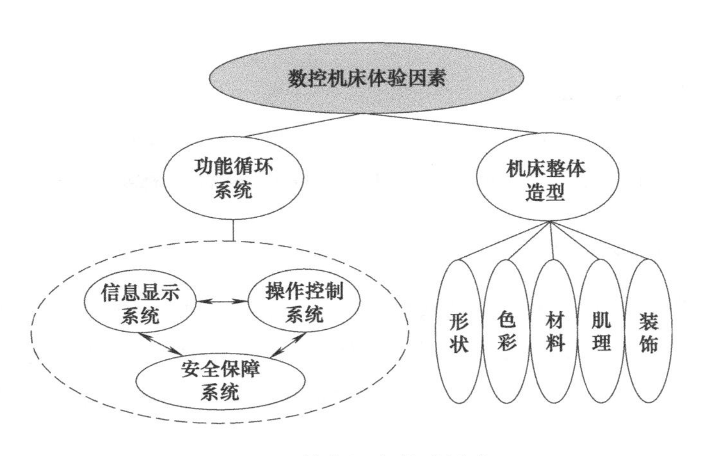

图 7.6　数控机床体验因素

第1章 第2章 第3章 第4章 第5章 第6章 第7章 第8章 第9章 第10章 第11章 第12章

作控制系统以及安全保障系统。

(1) 信息显示系统

实现对机床运行状态或工作进度的外显式传递，如机器的工作状态、工作指令、性能参数等，与人交互的器官为眼睛、耳朵等感受器官。机床信息显示系统包括各类指示灯、信号灯等，有时机器的运转或工件加工的声音等也可以辅助传递机器运行情况。数控机床属于高速运行的自动化设备，无论何种显示信息都必须准确、快速、清晰，且以人的感受器官能感知的方式传递出来。同时还应考虑用户信息量的接收阈值。

(2) 操纵控制系统

实现对机床的相关控制，与人交互的器官为手、脚等运动器官。机床的操作控制系统包括各种类型的按钮、旋钮、按键、把手、脚踏板等。设计时考虑的主要因素包括造型、尺寸、位置布局、操纵力、操纵方式、操纵方向等。

信息显示系统与操作控制系统相辅相成，设计时通常将两者集中在一个工作区域，但设计时必须注意操作与显示的相合性。

(3) 安全保障系统

指为了安全而设计的在机器运转过程中出现设备故障或人为操作失误时的保障措施或装置，与人的交互器官同时包含感受器官和运动器官。机床的安全保障系统主要有报警器、指示灯以及紧急制动装置等。前者必须能及时、快速、全方位地提醒用户危险状态，后者则能让用户采取及时、有效的补救措施，从而避免事故的发生。

(4) 机床整体造型

机床整体造型以一种整体形式让用户知觉并产生体验，主要是一种心理体验，且持续影响着用户的即时体验，让用户产生整体的体验评价。

7.3.2 外部环境系统

环境是产品和人产生影响的情境，人在使用产品时处在随时变化的外部环境系统中，任何因素的变化都可能对用户体验结果产生影响。从常规的数控机床使用情况来看，对人的体验具有影响的数控机床外部环境系统应包含如图 7.7 所示的因素。

在用户体验交互系统中，环境是范围最广的因素，直接或者间接地影响着用

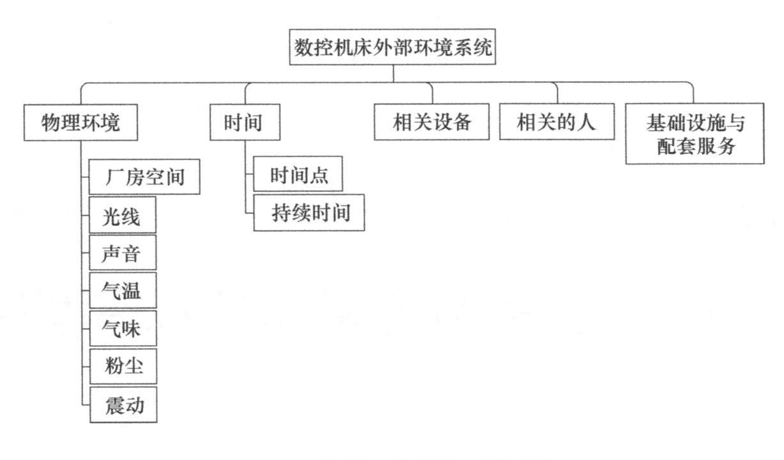

图 7.7 数控机床外部环境系统

户的心情、工作的状态、机器的运转甚至整个系统的安全。数控机床作为一种高精尖的机电产品，对环境要求较高，例如数控机床普遍维持正常运转的环境温度在 20℃左右。

7.3.3 用户因素

影响用户体验的人的因素可分为两大类：生理因素和心理因素。其中生理因素受人的种族、性别、年龄、人体生理参数等影响；心理因素与社会和文化、生活环境、工作背景、经济背景等有关。用户因素类型，具体如图 7.8 所示。

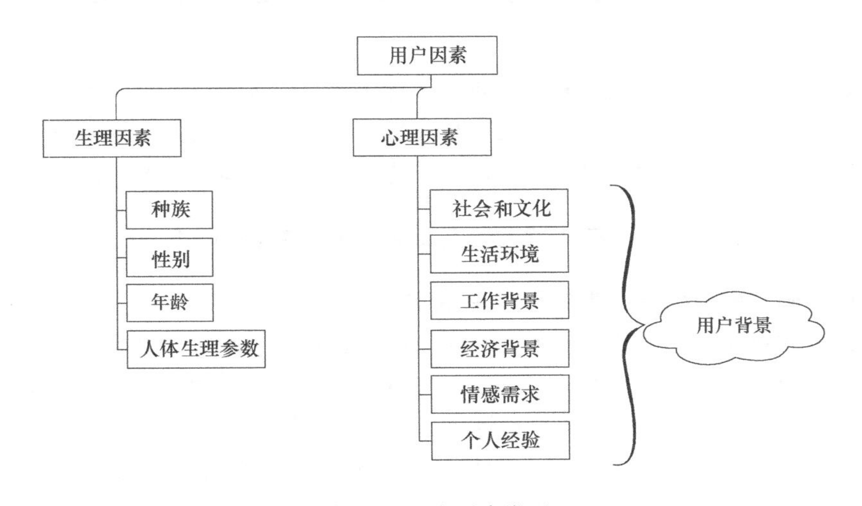

图 7.8 用户因素类型

第8章

基于用户体验的数控机床外观造型评价

产品用户体验是一个影响因素错综复杂的主观评价结果，且不同的外观部件以及同一外观部件的不同设计要素在影响用户体验时的作用不尽相同。如部件数控面板主要影响用户的操作体验，同时对其他体验类型起次要作用，且重要性也有所不同。一个产品的体验评价是对各产品部件以及各设计要素综合感觉的结果，因此，为了较为直观地评价用户对产品的交互体验结果，可以通过对各设计要素体验感觉的量化实现。

8.1 基于用户体验的数控机床外观造型评价方法

机床种类繁多，功能和原理不同，外观体量与结构复杂度有较大差异，对用户体验具有重要影响的外观部件数量与种类会有一定不同，为了尽量适用于大部分机床，这里探讨一种通用的数控机床外观部件用户体验评价方法。

8.1.1 数控机床用户体验关键外观部件/部件群的筛选

(1) 确定数控机床主要外观部件/部件群

具体的数控机床产品，复杂度不同，造型设计需考虑的外观部件类型和数量将有所不同，对于图 8.1 (a) 所需考虑的外观部件数量明显多于图 8.1 (b)。有些外观部件因功能或结构特点，设计时通常可以整体考虑，即可以部件群形式考虑，如数控面板。而且有些外观部件/部件群对整体造型有显著影响，需重点考虑；有些对整体造型则影响较少，设计时做常规处理即可，通常设计师在设计创作时都会有所侧重。

数控机床主要外观部件/部件群的类型可由工业设计师根据其对该产品的理

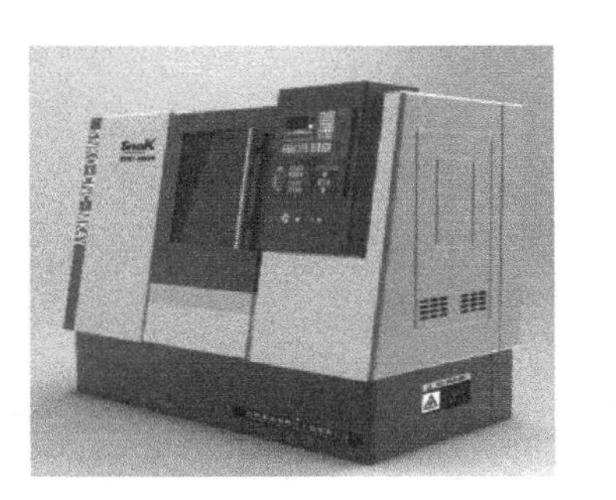

(a) 部件偏复杂机床　　(b) 部件偏简单机床

图 8.1　不同类型的数控机床外观部件差异

解和设计经验确定，设某类数控机床有 n 个外观部件/部件群对整体造型具有重要影响，表示为

$$W:\{W_1,W_2,\cdots,W_n\}$$

(2) 用户体验外观部件/部件群的筛选

并不是所有的外观部件/部件群都对会对用户体验产生显著效果，即有些外观部件/部件群对用户而言影响是可以忽略不计的。因此，为了简化评价工作，可以从各外观部件/部件群对用户体验的影响力考虑对其进行适当筛选，选出数控机床用户体验关键外观部件/部件群。具体可采用专家咨询法，通过专家对各外观部件用户体验重要程度的评价筛选。

设邀请 p 位专家对 n 个数控机床外观部件/部件群进行评价，并独立给出其对应的权重。为了保障结果的全面性与准确性，专家成员最好同时包含设计师专家和专家用户，从而达到设计思维与用户使用思维的统一。

设第 j 位专家给出的权重方案为

$$\partial_{1j},\partial_{2j},\cdots,\partial_{nj}\quad(j=1,2,\cdots,p)$$

$$\sum_{i=1}^{n}\partial_{ij}=1,\partial_{ij}\geqslant 0\quad(i=1,2,\cdots,n;j=1,2,\cdots,p)$$

则 p 位专家权重结果汇总见表 8.1。

表 8.1 p 位专家权重结果汇总

专家	外观部件			
	W_1	W_2	…	W_n
1 … p	∂_{11} … ∂_{1p}	∂_{21} … ∂_{2p}	…	∂_{n1} … ∂_{np}
均值$\overline{\partial_i}$	$\overline{\partial_1}$	$\overline{\partial_2}$	…	$\overline{\partial_n}$
方差 D_i	D_1	D_2	…	D_n

$$\partial_i = \frac{\sum_{j=1}^{p} \partial_{ij}}{p} \quad (i=1,2,\cdots,n)$$

$$D_i = \frac{\sum_{j=1}^{p} (\partial_{ij} - \overline{\partial_i})^2}{p-1} \quad (i=1,2,\cdots,n)$$

设方差不允许超过的最大值为 e，则当 $\max\limits_{1\leqslant i\leqslant n} \{D_i\}$ 小于 e 时说明各个专家给出的权数没有显著差异，可以均值作为各外观部件/部件群的权数，否则需与方差值较大的专家协商重新调整权数，并重复以上过程。若想简化该筛选过程，可直接用$|\partial_{ij} - \overline{\partial_i}|$，即$\partial_{ij}$ 与∂_i 之差的绝对值代替方差。最后根据需要选择多个权数较大的外观部件作为该类数控机床用户体验关键外观部件/部件群。

该环节无须针对每款机床产品进行，整体造型相似或类似款型均可采用同一结果，因此该结论一定程度上可作为借鉴标准存在。

8.1.2 数控机床用户体验值的计算

8.1.2.1 计算公式的推导

设某数控机床筛选出 m 个用户体验关键外观部件/部件群，表示为

$$V:\{V_1, V_2, \cdots, V_m\}$$
$$V \subseteq W$$

考虑到机床部件与部件或与部件群间通常存在一定的位置、整体配色等配合关系，从而构成产品整体效果和使用感受，在对用户体验进行评价时，应考虑到该因素，因此可以添加一个“部件群配合关系”要素，记为 P。则数控机床用户体验要素可表示为

$$V':\{V_1,V_2,\cdots,V_m,P\}$$

产品和人的各种交互过程形成的良好体验对提升产品体验效果至关重要，而且还能在无形中培养用户对品牌的忠诚度，因此应重视各部分细节的设计。其中，对于任何一个产品或零部件，与人产生交互的器官或体验通道不同，设计的重心就有所不同。能影响人的交互体验的产品或外观部件涉及多方面设计要素，形态、色彩、材质、尺寸比例、表面装饰等都能带给用户不同的体验。产品与用户体验相关设计要素如图 8.2 所示。

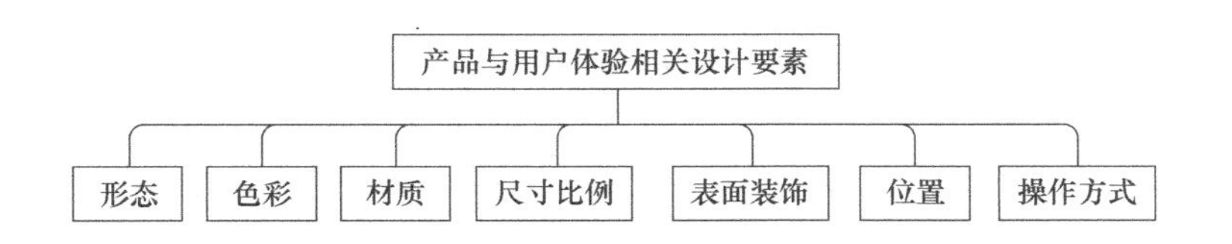

图 8.2　产品与用户体验相关设计要素

每个外观部件也包含多个设计要素。不同的设计要素作用于人不同的感觉通道，从而带给用户不同的体验。设每个外观部件/部件群包含的设计要素表示为

$$\{S_1,S_2,\cdots,S_7\}$$

部件群配合关系包含的设计要素主要指形态与形态、色彩与色彩等直接的配合关系，表示为

$$\{P_1,P_2,\cdots,P_7\}$$

其中 S_1，S_2，…，S_7 与外观部件/部件群的“形态”“色彩”“材质”“尺寸比例”“表面装饰”“位置”“操作方式”一一对应；P_1，P_2，…，P_7 与各外观部件/部件群的“形态”“色彩”“材质”“尺寸比例”“表面装饰”“位置”“操作方式”配合关系一一对应。

设某款数控机床用户体验值为 x，其中 x_{ij} 为第 i 个用户体验关键外观部件/部件群第 j 个设计要素体验值，y_j 为部件群配合关系第 j 个设计要素配合关系体验值，则可得到数控机床用户体验值原始矩阵为

$$\begin{bmatrix} x_{11} & x_{12} & \cdots & x_{17} \\ x_{21} & x_{22} & \cdots & x_{27} \\ \vdots & \vdots & & \vdots \\ x_{m1} & x_{m2} & \cdots & x_{m7} \\ y_1 & y_2 & \cdots & y_7 \end{bmatrix}$$

设第 i 个外观部件/部件群权重系数为 $a_i(i=1,2,\cdots,m)$，部件群配合关

系权重系数为 k，则数控机床外观造型各要素权重为

$$a_1, a_2, \cdots, a_m, k$$

$$\sum_{i=1}^{m} a_i + k = 1, a_i \geqslant 0 \quad (i = 1, 2, \cdots, m)$$

设第 i 个外观部件/部件群各设计要素的权重系数为 b_{ij}，部件群配合关系第 j 个设计要素权重系数为 q_j，则数控机床各外观部件/部件群设计要素的权重系数矩阵为

$$\begin{bmatrix} b_{11} & b_{12} & \cdots & b_{17} \\ b_{21} & b_{22} & \cdots & b_{27} \\ \vdots & \vdots & & \vdots \\ b_{m1} & b_{m2} & \cdots & b_{m7} \\ q_1 & q_2 & \cdots & q_7 \end{bmatrix}$$

$$\sum_{j=1}^{7} b_{ij} = 1, b_{ij} \geqslant 0 \quad (i = 1, 2, \cdots, m; j = 1, 2, \cdots, 7)$$

$$\sum_{j=1}^{7} q_j = 1, q_j \geqslant 0 \quad (j = 1, 2, \cdots, 7)$$

由此得到数控机床用户体验值

$$x = \sum_{i=1}^{m} a_i \left(\sum_{j=1}^{7} b_{ij} x_{ij}\right) + k \sum_{j=1}^{7} q_j y_j \, (i = 1, 2, \cdots, m; j = 1, 2, \cdots, 7)$$

用户体验包含操作体验、安全体验、维护保养体验、情感体验和品牌体验 5 种类型，记为

$$\{T_1, T_2, T_3, T_4, T_5\}$$

故每个用户体验值 x_{ij} 应由 5 部分构成，其值记为 x_{ijl}(l=1，2，…，5)，对应类型的权重系数记为 c_{ijl}(l=1，2，…，5)，则第 i 个外观部件/部件群用户体验值原始矩阵为

$$\begin{bmatrix} x_{i11} & x_{i12} & \cdots & x_{i15} \\ x_{i21} & x_{i22} & \cdots & x_{i25} \\ \vdots & \vdots & & \vdots \\ x_{i71} & x_{i72} & \cdots & x_{i75} \end{bmatrix}$$

$$\sum_{l=1}^{5} c_{ijl}=1, c_{ijl} \geqslant 0 \quad (l=1,2,\cdots,5)$$

$$x_{ij}=\sum_{l=1}^{5} c_{ijl} x_{ijl}, c_{ijl} \geqslant 0 \quad (i=1,2,\cdots,m; j=1,2,\cdots,7; l=1,2,\cdots,5)$$

设每个用户体验值 y_j 对应的 5 类用户体验值记为 $y_{jl}(l=1, 2, \cdots, 5)$，对应类型的权重系数记为 $r_{jl}(l=1, 2, \cdots, 5)$，则部件群配合关系第 j 个设计要素用户体验值原始矩阵为

$$\begin{bmatrix} y_{j1} & y_{j2} & \cdots & y_{j5} \end{bmatrix}$$

$$\sum_{l=1}^{5} r_{jl}=1, r_{jl} \geqslant 0 \quad (l=1,2,\cdots,5)$$

$$y_j=\sum_{l=1}^{5} r_{jl} y_{jl}, r_{jl} \geqslant 0 (j=1,2,\cdots,7; l=1,2,\cdots,5)$$

故数控机床用户体验值整体计算公式为

$$x=\sum_{i=1}^{m} a_i\left[\sum_{j=1}^{7} b_{ij}\left(\sum_{l=1}^{5} c_{ijl} x_{ijl}\right)\right]+k \sum_{j=1}^{7} q_j\left(\sum_{l=1}^{5} r_{jl} y_{jl}\right)$$
$$(i=1,2,\cdots,m; j=1,2,\cdots,7; l=1,2,\cdots,5)$$

8.1.2.2　x_{ijl} 值的计算

因用户对产品各个设计要素的各类体验都是定性的，因此可以采取定性指标量化处理方法获取 x_{ijl} 值。

可采取最优值为 5 分，最劣值为−5 分，其余相应给分的方式，如表 8.2 所示。

表 8.2　定性指标定量化分值对照

指标	很差	差	一般	好	很好
分值/分	−4	−2	0	2	4

x_{ijl} 值的获取应通过邀请数控机床相关用户评价获得，设共邀请 u 位用户，第 t 位用户给出的分值为 y_{ijlt}，则

$$x_{ijl}=\frac{\sum_{t=1}^{u} y_{ijlt}}{u} \quad (t=1,2,\cdots,u)$$

8.1.2.3 各级权重的计算

产品用户体验是一个相对复杂的综合结果，各级、各类型的体验权重都不可能完全相同，故权重的级别和数量相对较多，根据各类型权重的特点，对其采用不同的方法计算。

(1) a_i、k、c_{ijl} 和 r_{jl}

可采用专家咨询法，具体参见 8.1.1 小节。其中求 a_i 和 k 时可多邀请几位专家，如 5～7 位专家进行评价，求 c_{ijl} 和 r_{jl} 时建议邀请 3～5 位专家。为简化操作，可利用各专家评价的均值作为权重。

(2) b_{ij} 和 q_j

为提高其可操作性，简化其流程，可由设计团队通过焦点小组根据经验讨论确定。焦点小组人物构成建议为 3～4 位机床用户、2～3 位设计师、1～2 位工程师。为了提高直观性，可采用强制确定法（FD 法：Forced Decision Method），对各级指标的重要性进行两两比较。重要的给 1 分，不重要的给 0 分。例如对于第 i 个外观部件/部件群的各设计要素进行重要性评价，其评价结果 b_{ij} 可汇总如表 8.3 所示。

表 8.3 强制确定法结果汇总示意

部件/部件群：×××																							
指标	重要性得分																					总分	权重系数
形态	1	1	1	1	1	1																6	0.29
色彩	0						1	1	1	1	1											5	0.24
材质		0					0					1	1	1	1							4	0.19
尺寸比例			0					0				0				0	1	1				5	0.09
表面装饰				0					0				0			1			1	1		3	0.14
位置					0					0				0			0		0		0	0	0.00
操作方式						0					0				0			0		0	1	1	0.05
合计																						21	1.00

即第 i 个外观部件/部件群的各设计要素权重 b_{ij} 为

$$\{0.29, 0.24, 0.19, 0.09, 0.14, 0.00, 0.05\}$$

其他权重系数可参照该方法确定。

数控机床用户体验评价整体层次如图 8.3 所示。

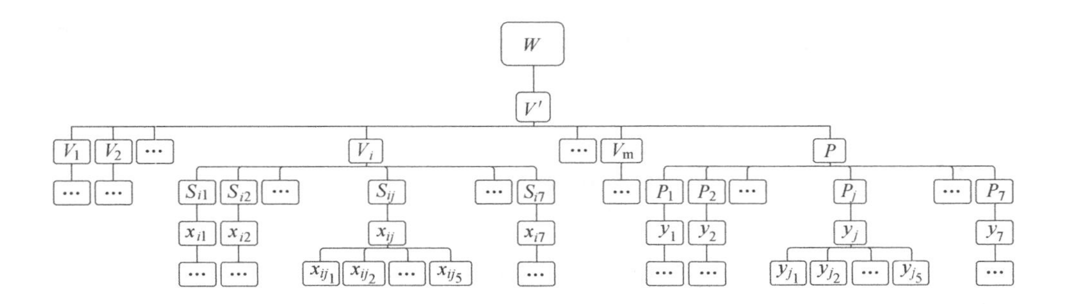

图 8.3　数控机床用户体验评价整体层次

8.2　常规数控机床外观造型用户体验评价规律

原则上，对于所有的数控机床产品，以上用户体验评价方法均适用。但是对于大部分数控机床，例如常规数控车床、磨床、立式数控车床、卧式加工中心、立式加工中心等，虽然机床类型、功能等有所不同，但其正面和侧面轮廓均有较为明显的特征，工人的主要工作区域也较为相似，对用户体验产生主要影响的部件/部件群种类和数量基本都一致，可以进行集中研究。为了简化上述评价过程，便于操作，这里对数控机床外观造型和用户体验评价指标的普遍规律进行总结。

8.2.1　常规数控机床外观部件/部件群的确定

为了确定大部分相关行业人员对数控机床外观部件构成的认识和判断，这里采用文献分析和对比法。以“数控机床”和“外观造型”“外观”或“造型”为关键词检索文献，从中剔除仅以部分外观部件为主进行研究的文献，最后筛选出较完整表述影响数控机床外观造型部件构成的文献，其对比结果见表 8.4 所示。

表 8.4　影响数控机床外观造型部件构成的文献对比

文献	外观部件	针对的机床类型
《基于意象尺度的数控机床造型风格意象认知研究》	数控面板、前观察窗、外罩、把手、门、排屑机构、电控箱	通用
《数控机床人性化设计技术及其在 ICAID 系统中的实现》	数控面板、前观察窗、外罩、把手、门、排屑机构、电控箱	立式/卧式加工中心、常规数控车床/磨床、立式数控车床、龙门加工中心
《数控机床外观造型设计中的审美分析》	外罩、门、观察窗、把手、数控系统、排屑机构、水箱、油箱、电控柜、标牌等	通用
《比例关系及其数控机床造型应用》	防护罩、数控面板、门、观察窗、把手、电控箱	通用

数控机床整体外观造型和尺寸比例主要由机床功能布局决定，具有典型的形式反映内容的特点。综合以上文献提到的数控机床外观部件类型，保留共通部件和部分关键部件，同时考虑到“底座”虽然对机床外观整体影响较小，但经常需要和防护罩一起进行整体设计，故纳入其中，将其作为一个部件群整体考虑。最终确定常规数控机床外观部件，包括防护罩-底座、数控面板、门、观察窗、把手、电控柜、排屑装置、水箱、油箱。

8.2.2 常规数控机床用户体验外观部件/部件群的初选

根据 8.2.1 小节中的结论，常规数控机床包含 9 个外观部件/部件群，对整体造型具有重要影响，即对应部件群为 W:{防护罩-底座，数控面板，门，观察窗，把手，电控柜，排屑装置，水箱，油箱}，($W_1 \sim W_n$，$n=9$)。

采用专家咨询法，邀请四位专家（$p=4$）（2 位工业设计师和 2 位专家用户）对以上外观部件用户体验重要程度进行评价，并独立给出其对应权重。

4 位专家给出权重结果汇总表如表 8.5 所示。

表 8.5　4 位专家给出权重结果汇总

专家	外观部件								
	W_1	W_2	W_3	W_4	W_5	W_6	W_7	W_8	W_9
1	0.150	0.300	0.100	0.150	0.100	0.080	0.090	0.020	0.010

续表

专家	外观部件								
	W_1	W_2	W_3	W_4	W_5	W_6	W_7	W_8	W_9
2	0.200	0.400	0.100	0.100	0.100	0.050	0.050	0	0
3	0.100	0.300	0.200	0.200	0.100	0.050	0.050	0	0
4	0.200	0.300	0.100	0.200	0.050	0.030	0.070	0.020	0.030
均值$\overline{\partial_i}$	0.163	0.325	0.125	0.163	0.088	0.053	0.065	0.010	0.010
方差 D_i	0.002	0.002	0.002	0.002	0	0	0	0	0

设方差不允许超过的最大值 $e=0.005$，专家给出的结果 $\max\limits_{1\leqslant i\leqslant n}\{D_i\}=0.002$，小于 0.005，说明各个专家给出的权数没有显著差异，可以均值作为各外观部件/部件群的权数。原则上可选择 $\overline{\partial_i}\geqslant 0.100$ 的作为最终结果，考虑到“把手”通常和观察窗、门作为整体设计，虽然 $W_5=0.088$ 小于 0.100，这里仍然保留。最后选择权数较大的 5 个外观部件作为该类数控机床用户体验关键外观部件/部件群，分别为防护罩-底座、数控面板、门、观察窗、把手。

8.2.3　常规数控机床用户体验外观部件/部件群的确定

综合考虑各部件对用户体验和设计师设计习惯的影响紧密度，可根据需要将部分部件组成部件群，从而确定最终的基于用户体验的数控机床外观造型部件/部件群构成。

8.2.3.1　从机床与用户交互体验角度分析

产品的各项设计属性与用户间会产生不同交互，进而通过用户体验的方式从产品中传递出来。用户通过生理接触以及感知觉认知体验世界，也通过这种方式与产品交互，两种方式共同构成了用户的体验，也是产品设计时均需考虑的。因此，可以把产品与用户间的交互方式分为两种。

① 直接交互，即人主动或被动，直接接收产品传递的信息产生体验，一般通过产品的外在构成要素，如造型、色彩、材料、肌理以及一些技术信息等向用户传递交互信息。用户主要依靠眼睛、皮肤、耳朵等感受器官获取知觉和体验。

② 互动交互，即通过互动行为在人与产品间产生的交互，一般在人具体使用产品、操作产品时产生。用户主要通过手、脚等运动器官与产品的互动产生体验感受。

两种交互方式都包含了各种层次的体验感受。其中直接交互即由产品直接传递的交互信息最为直观和主动，是用户对产品产生的第一印象，所以对设计至关重要。因为只有用户通过良好的第一印象对产品产生了兴趣才可能进一步接触或使用产品，与产品进行互动交互。

数控机床是一类功能强大、结构复杂的自动化机电产品，用户所需操作不是太多，因此与人相关的互动交互区域主要包括三部分：显示区、控制区以及加工区。显示区用于向人传递机器工作状态信息，其外观载体为显示装置；控制区用于人将信息输送给机器，其外观载体为操控装置；加工区主要完成工件的装卸和加工，与之相关的外观部件包括门、观察窗和把手。这三部分无论在功能上还是结构上都是相对独立的单元，但因显示与控制需要人配合实现，通常组合为一个区域：数控面板。而加工区相关的外观部件门、观察窗和把手因具有一定的从属关系，通常也作为一个部件群考虑，这里统称为加工区外观部件。防护罩、底座等均是典型的直接交互部件，影响人的视觉体验，因其通常作为一个整体决定机床的造型风格，这里称为机床造型主体。数控机床外观部件交互方式示意如图 8.4 所示。

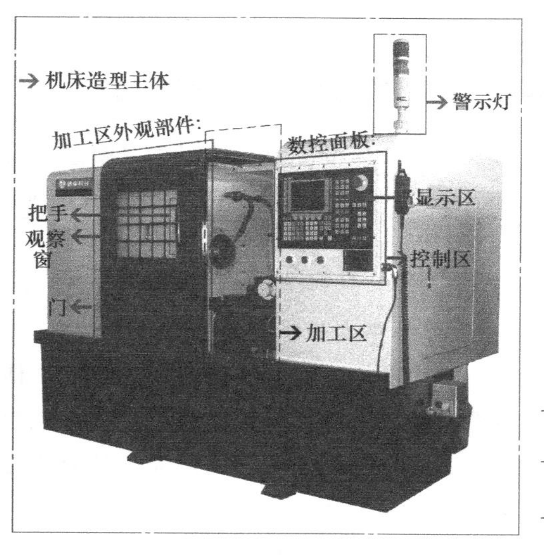

—·— 点画线：直接交互部件
—— 直线：互动交互部件
－－－ 虚线：交互相关部件

图 8.4　数控机床外观部件交互方式示意

8.2.3.2　从设计师造型设计角度分析

为了了解工业设计师进行数控机床外观部件设计的习惯和顺序，选择了 5 位设计师进行访谈，总结发现普遍规律如图 8.5 所示，其中防护罩与底座因整体决定了机床的造型风格，通常作为一个整体统一考虑，而门、观察窗和把手同属于加工区外观部件，一般也整体构思。

图 8.5　数控机床外观部件设计顺序

8.2.3.3　常规数控机床用户体验外观部件/部件群构成

综合考虑设计师设计思路与习惯、各外观部件对数控机床造型的影响度以及对用户感官体验的影响度，基于用户体验的数控机床外观造型设计可主要集中于防护罩、底座、数控面板、门、观察窗、把手几个外观部件。

其中防护罩和底座通常作为整体进行造型设计，决定了数控机床整体造型风格；门、观察窗和把手三个部件紧密相连、不可分割，且属于数控机床相对独立并经常移动的部分；数控面板涉及显示区与操作区，且需同时考虑操作显示相合性，属于一个相对独立部件。因此，对数控机床进行用户体验设计时，与用户交互外观造型主要部件一致，可将其分为 3 个关键部件/部件群进行设计，具体如图 8.6 所示。

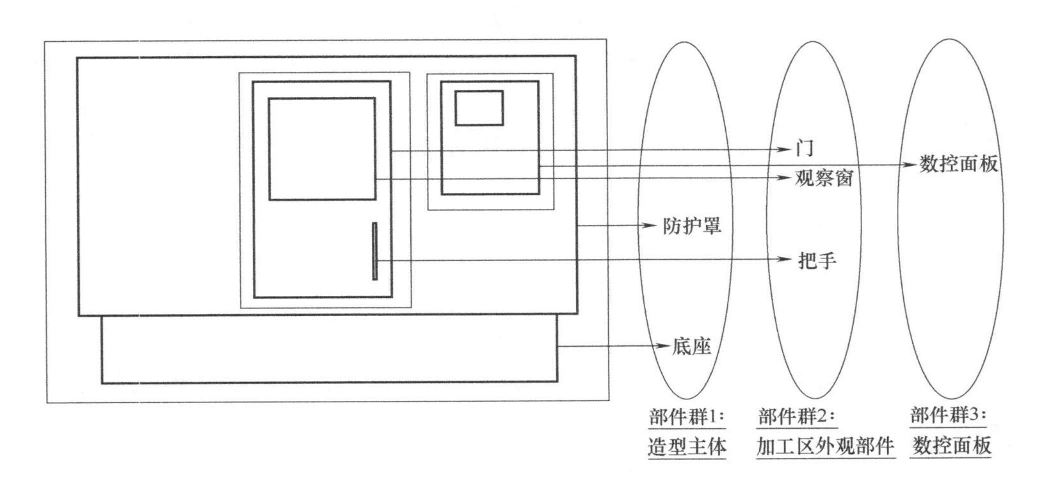

图 8.6　数控机床外观造型设计关键部件群

对于“部件群 2：加工区外观部件”，考虑到设计师在对其进行整体风格把握的基础上仍是分别对门、观察窗和把手进行一定程度的独立构思，而用户对其也有各自独立的操作和使用感受，因此这里仍将其独立开来，作为单独的部件进行评价。

即对于常规数控机床，其用户体验关键外观部件/部件群构成可表示为

V：{造型主体，门，观察窗，把手，数控面板}（$V_1 \sim V_5$）

V'：{造型主体，门，观察窗，把手，数控面板，配合关系}（$V_1 \sim V_5$）

常规数控机床用户体验关键外观部件/部件群构成层次如图 8.7 所示。

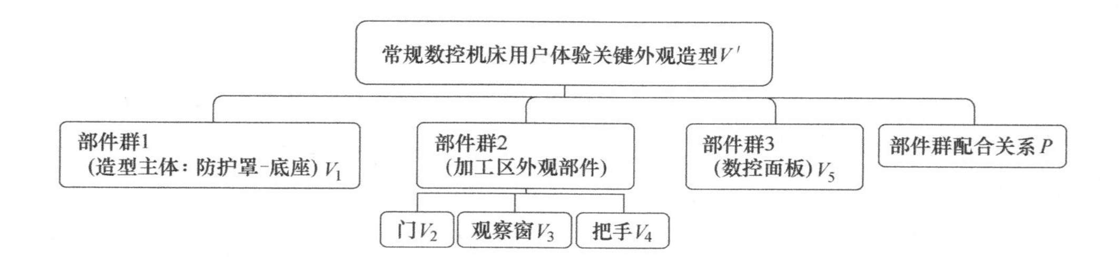

图 8.7 常规数控机床用户体验关键外观部件/部件群构成层次

8.2.4 常规数控机床用户体验外观部件/部件群设计要素规律

如图 8.2 所示，产品外观与用户体验相关，包含 7 大设计要素。对于数控机床而言，针对不同的外观部件/部件群，因设计要素特点和对应交互通道不同，用户体验设计并不是与所有的设计要素均相关，而是具有一定的规律性。这里通过 8.1.2 小节中的相关算法对常规数控机床相关评价参数进行了总结。

每个外观部件/部件群包含的设计要素表示为

$$\{S_1, S_2, \cdots, S_7\}$$

部件群配合关系包含的设计要素主要指形态与形态、色彩与色彩等直接的配合关系，表示为

$$P:\{P_1, P_2, \cdots, P_7\}$$

常规数控机床各外观部件/部件群设计要素的权重系数矩阵为

$$\begin{bmatrix} b_{11} & b_{12} & \cdots & b_{17} \\ b_{21} & b_{22} & \cdots & b_{27} \\ \vdots & \vdots & & \vdots \\ b_{51} & b_{52} & \cdots & b_{57} \\ q_1 & q_2 & \cdots & q_7 \end{bmatrix}$$

$$\sum_{j=1}^{7} b_{ij} = 1, b_{ij} \geqslant 0 \quad (i = 1, 2, \cdots, 5; j = 1, 2, \cdots, 7)$$

$$\sum_{j=1}^{7} q_j = 1, q_j \geqslant 0 \quad (j = 1, 2, \cdots, 7)$$

式中，b_{ij} 为第 i 个外观部件/部件群各设计要素的权重系数；q_j 为部件群配合关系第 j 个设计要素权重系数。

采用强制确定法（FD 法），邀请 3 位机床用户、3 位设计师、1 位工程师通过焦点小组讨论确定 b_{ij} 和 q_j，结果如表 8.6～表 8.11 所示。

表 8.6　造型主体各设计要素权重系数

部件/部件群:造型主体(防护罩-底座)V_1																							
指标	重要性得分																					总分	权重系数
形态	1	1	1	1	1	1																6	0.29
色彩	0						1	1	1	1	1											5	0.24
材质		0					0					1	1	1	1							4	0.19
尺寸比例			0					0				0				0	1	1				5	0.09
表面装饰				0					0				0			1			1	1		3	0.14
位置					0					0				0			0		0		0	0	0
操作方式						0					0				0			0		0	1	1	0.05
合计																						21	1.00

表 8.7　门各设计要素权重系数

部件/部件群：门 V_2

指标	重要性得分																					总分	权重系数
形态	1	1	0	1	0	1																4	0.19
色彩	0						1	0	1	1	0											3	0.14
材质		0					0					0	1	0	1							2	0.09
尺寸比例			1					1				1				1	1	1				6	0.29
表面装饰				0					0				0			0			0	0		0	0
位置					1					0				1			0		1		0	3	0.14
操作方式						0					1				0			0		1	1	3	0.14
合计																						21	1.00

表 8.8　观察窗各设计要素权重系数

部件/部件群：观察窗 V_3

指标	重要性得分																					总分	权重系数
形态	1	1	1	1	0	1																5	0.24
色彩	0						0	0	1	0	1											2	0.09
材质		0					1					0	1	1	1							4	0.19
尺寸比例			0					1				1				1	0	1				4	0.19
表面装饰				0					0				0			0			0	1		1	0.05
位置					1					1				0			1		1		1	5	0.24
操作方式						0					0				0			0		0	0	0	0
合计																						21	1.00

表 8.9　把手各设计要素权重系数

部件/部件群：把手 V_4

指标	重要性得分																					总分	权重系数
形态	1	1	1	1	0	1																5	0.24
色彩	0						0	0	1	0	1											2	0.09
材质		0					1					0	1	0	1							3	0.14
尺寸比例			0					1				1				1	0	1				4	0.19
表面装饰				0					0				0			0			0	0		0	0
位置					1					1				1			1		1		1	6	0.29
操作方式						0					0				0			0		1	0	1	0.05
合计																						21	1.00

表 8.10　数控面板各设计要素权重系数

部件/部件群：数控面板 V_5

指标	重要性得分																					总分	权重系数
形态	1	1	1	1	0	1																5	0.24
色彩	0						1	0	1	0	0											2	0.09
材质		0					0					0	1	0	0							1	0.05
尺寸比例			0					1				1				1	1	1				5	0.24
表面装饰				0					0				0			0			0	0		0	0
位置					1					1				1			0		1		1	5	0.24
操作方式						0					1				1			0		1	0	3	0.14
合计																						21	1.00

表 8.11　配合关系各设计要素权重系数

配合关系 P

指标	重要性得分																					总分	权重系数
形态	0	1	1	1	1	1																5	0.24
色彩	1						1	1	1	1	1											6	0.29
材质		0					0					0	1	1	1							3	0.14
尺寸比例			0					0				1				1	1	1				4	0.19
表面装饰				0					0				0			0			1	1		2	0.09
位置					0					0				0			0		0		1	1	0.05
操作方式						0					0				0			0		0	0	0	0
合计																						21	1.00

由此得到常规数控机床各外观部件/部件群设计要素的权重系数矩阵为

$$
\begin{bmatrix}
0.29 & 0.24 & 0.19 & 0.09 & 0.14 & 0 & 0.05 \\
0.19 & 0.14 & 0.09 & 0.29 & 0 & 0.14 & 0.14 \\
0.24 & 0.09 & 0.19 & 0.19 & 0.05 & 0.24 & 0 \\
0.24 & 0.09 & 0.14 & 0.19 & 0 & 0.29 & 0.05 \\
0.24 & 0.09 & 0.05 & 0.24 & 0 & 0.24 & 0.14 \\
0.24 & 0.29 & 0.14 & 0.19 & 0.09 & 0.05 & 0
\end{bmatrix}
$$

若设定当 $b_{ij}>0.10$ 和 $q_j>0.10$ 时保留其对应的设计要素或配合关系，则各外观部件/部件群对应的设计要素矩阵可表示为

$$
\begin{bmatrix}
\text{形态} & \text{色彩} & \text{材质} & \times & \text{表面装饰} & \times & \times \\
\text{形态} & \text{色彩} & \times & \text{尺寸比例} & \times & \text{位置} & \text{操作方式} \\
\text{形态} & \times & \text{材质} & \text{尺寸比例} & \times & \text{位置} & \times \\
\text{形态} & \times & \text{材质} & \text{尺寸比例} & \times & \text{位置} & \times \\
\text{形态} & \times & \times & \text{尺寸比例} & \times & \text{位置} & \text{操作方式} \\
\text{形态} & \text{色彩} & \text{材质} & \text{尺寸比例} & \times & \times & \times
\end{bmatrix}
$$

对于常规数控机床，与各主要外观部件相关的设计要素如图 8.8 所示。

即常规数控机床用户体验值原始矩阵可简化为

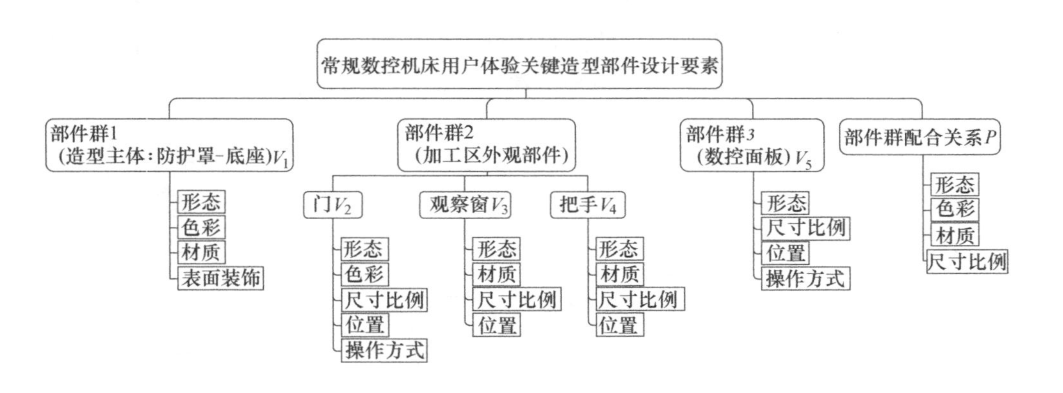

图 8.8　常规数控机床用户体验关键外部部件设计要素

$$
\begin{bmatrix}
x_{11} & x_{12} & x_{13} & 0 & x_{15} & 0 & 0 \\
x_{21} & x_{22} & 0 & x_{24} & 0 & x_{26} & x_{27} \\
x_{31} & 0 & x_{33} & x_{34} & 0 & x_{36} & 0 \\
x_{41} & 0 & x_{43} & x_{44} & 0 & x_{46} & 0 \\
x_{51} & 0 & 0 & x_{54} & 0 & x_{56} & x_{57} \\
y_1 & y_2 & y_3 & y_4 & 0 & 0 & 0
\end{bmatrix}
$$

8.2.5　各设计要素对应用户体验类型规律

邀请 3 位专家，包含 1 位工业设计师、1 位工程师和 1 位机床操作工对数控机床各外观部件设计要素的用户体验类型重要性进行评价。如对外观部件/部件群“造型主体”的设计要素“形态”，其获得的用户体验类型权重评价结果如表 8.12 所示。

表 8.12　用户体验类型权重评价结果

专家	体验类型				
	操作体验	安全体验	维护保养体验	情感体验	品牌体验
1	0	0.10	0.10	0.40	0.40
2	0	0	0.20	0.50	0.30
3	0	0	0.20	0.50	0.30
c_{11l}	0	0.03	0.17	0.47	0.33

即 c_{11l}：{0.00，0.03，0.17，0.47，0.33}。其他权重依照此方案获得。

设 $c_{ijl} \leqslant 0.10$ 时忽略其对应的用户体验类型影响，最终得到常规数控机床外观造型各设计要素对应用户体验类型规律，如图 8.9 所示。

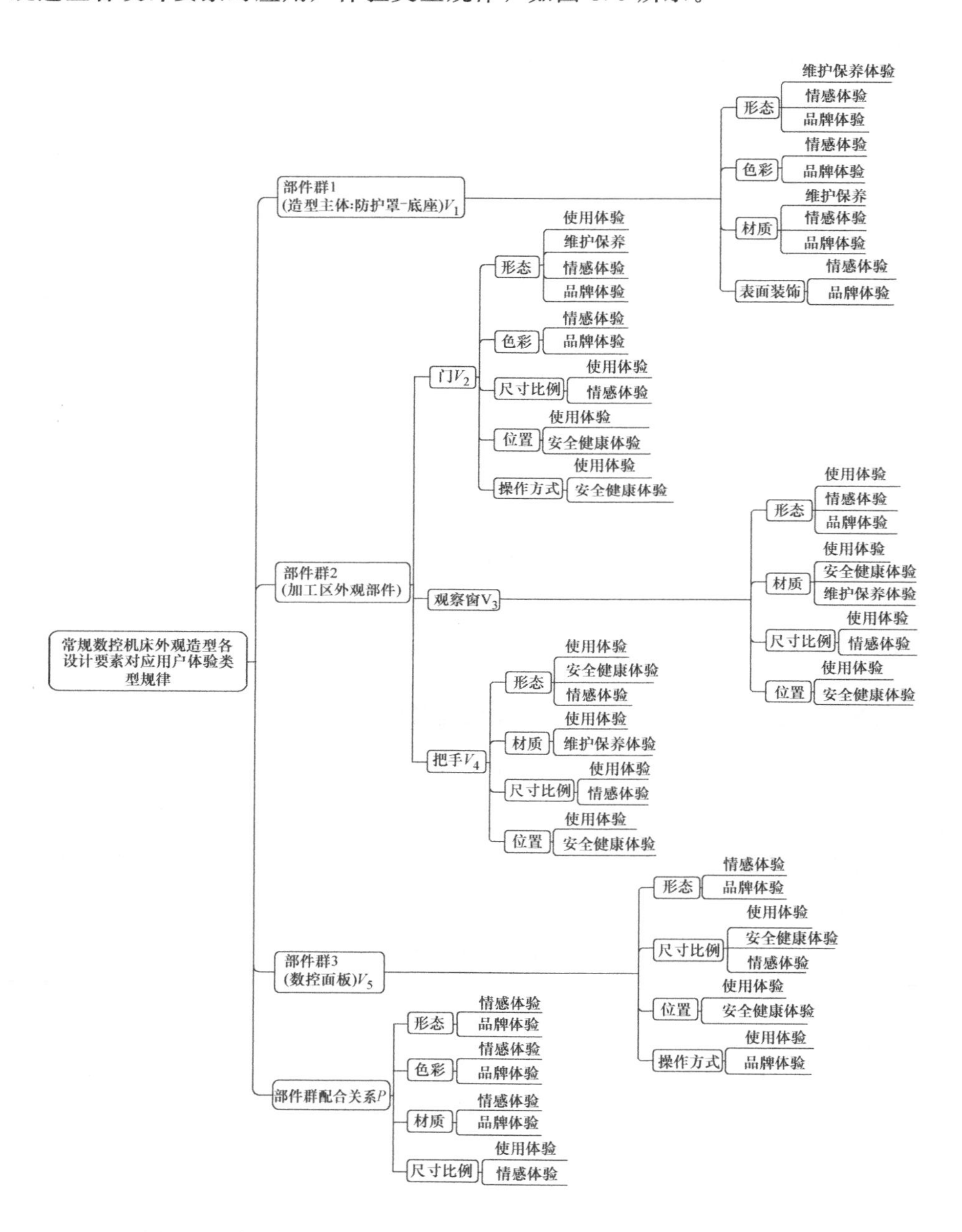

图 8.9　常规数控机床外观造型各设计要素对应用户体验类型规律

即对应常规数控机床，各外观部件/部件群用户体验值原始矩阵可简化为

$$V_1:\begin{bmatrix}0 & 0 & x_{113} & x_{114} & x_{115}\\0 & 0 & 0 & x_{124} & x_{125}\\0 & 0 & x_{133} & x_{134} & x_{135}\\0 & 0 & 0 & 0 & 0\\0 & 0 & 0 & x_{154} & x_{155}\\0 & 0 & 0 & 0 & 0\\0 & 0 & 0 & 0 & 0\end{bmatrix}$$

$$V_2:\begin{bmatrix}x_{211} & 0 & x_{213} & x_{214} & x_{215}\\0 & 0 & 0 & x_{224} & x_{225}\\0 & 0 & 0 & 0 & 0\\x_{241} & 0 & 0 & x_{244} & 0\\0 & 0 & 0 & 0 & 0\\x_{251} & x_{252} & 0 & 0 & 0\\x_{261} & x_{262} & 0 & 0 & 0\end{bmatrix}$$

$$V_3:\begin{bmatrix}x_{311} & 0 & 0 & x_{314} & x_{315}\\0 & 0 & 0 & 0 & 0\\x_{331} & x_{332} & x_{333} & 0 & 0\\x_{341} & 0 & 0 & x_{344} & 0\\0 & 0 & 0 & 0 & 0\\x_{351} & x_{352} & 0 & 0 & 0\\0 & 0 & 0 & 0 & 0\end{bmatrix}$$

$$V_4:\begin{bmatrix}x_{411} & x_{412} & 0 & x_{414} & 0\\0 & 0 & 0 & 0 & 0\\x_{431} & 0 & x_{433} & 0 & 0\\x_{441} & 0 & 0 & x_{444} & 0\\0 & 0 & 0 & 0 & 0\\x_{451} & x_{452} & 0 & 0 & 0\\0 & 0 & 0 & 0 & 0\end{bmatrix}$$

$$V_5: \begin{bmatrix} 0 & 0 & 0 & x_{514} & x_{515} \\ 0 & 0 & 0 & 0 & 0 \\ 0 & 0 & 0 & 0 & 0 \\ x_{541} & x_{542} & 0 & x_{544} & 0 \\ 0 & 0 & 0 & 0 & 0 \\ x_{551} & x_{552} & 0 & 0 & 0 \\ x_{561} & 0 & 0 & 0 & x_{565} \end{bmatrix}$$

$$P: \begin{bmatrix} 0 & 0 & 0 & y_{14} & y_{15} \\ 0 & 0 & 0 & y_{24} & y_{25} \\ 0 & 0 & 0 & y_{34} & y_{35} \\ y_{41} & 0 & 0 & y_{44} & 0 \\ 0 & 0 & 0 & 0 & 0 \\ 0 & 0 & 0 & 0 & 0 \\ 0 & 0 & 0 & 0 & 0 \end{bmatrix}$$

第9章

基于用户体验的数控机床外观造型设计要点

9.1 基于用户体验的数控机床造型设计原则

(1) 与功能相匹配

数控机床属于专业产品，其价值本质在于为客户创造生产效益和价值，注重功能自然而然。许多零件的基本形状都是由其用途决定的，而且能较直观地表现出产品整体或局部的功能。当功能或结构发生改变时，其造型也将随之发生改变，这使用户对产品功能的准确理解和操作也有极大意义和价值。总结发现，用于表达功能的造型风格，其生命周期普遍较长，而仅仅处于设计风格或美学要求的外观，其生命周期普遍较短。当然，造型设计在与功能匹配的基础上，设计师仍需考虑机床造型的整体协调性以及用户的审美偏好、厂房环境、流行风格等。

(2) 促进人对机床的操作

用户使用机床是为了发挥其功能和产生效益。机床由人操作实现其功能，使用是机床能否实现其功能的关键，使用便是人与机床的交互过程，因此机床造型设计应充分利用人机工程学、设计心理学、设计美学等相关原理，让用户感觉亲切、清晰易懂、安全舒心，从而使用户在生理上不易疲劳、操作自然顺手，学习上容易上手，心情上感觉舒畅愉悦。

(3) 为使用者营造安全感

安全感对用户至关重要。安全体验由用户的生理和心理两方面综合产生。可以借助饱满的整体造型、精细的加工工艺、细腻的质感、沉稳的色彩等给用户营造心理上的安全感；通过合理舒适的结构尺寸、醒目的安全装置、合理的操控空间分布等给用户生理上的安全感。

(4) 与环境保持和谐

在现代化生产条件下，数控机床使用环境通常整洁干净、有条理。人对数控机床的直接操作较少，长时间呆在工作环境中，机床整体应与周边环境相协调，给人营造舒心的视觉效果和心理上的鼓励。

数控机床属于高科技专业生产设备，通常会让人感觉难以操作、难以掌握。设计时应采用亲切、人性化的造型风格拉近用户和机器间的距离。

9.2 数控机床外观造型设计要素与用户交互分布图

根据图 7.3 并且基于体验的人体循环模型，数控机床各外观部件设计要素与用户各体验通道的交互分布如图 9.1 所示。

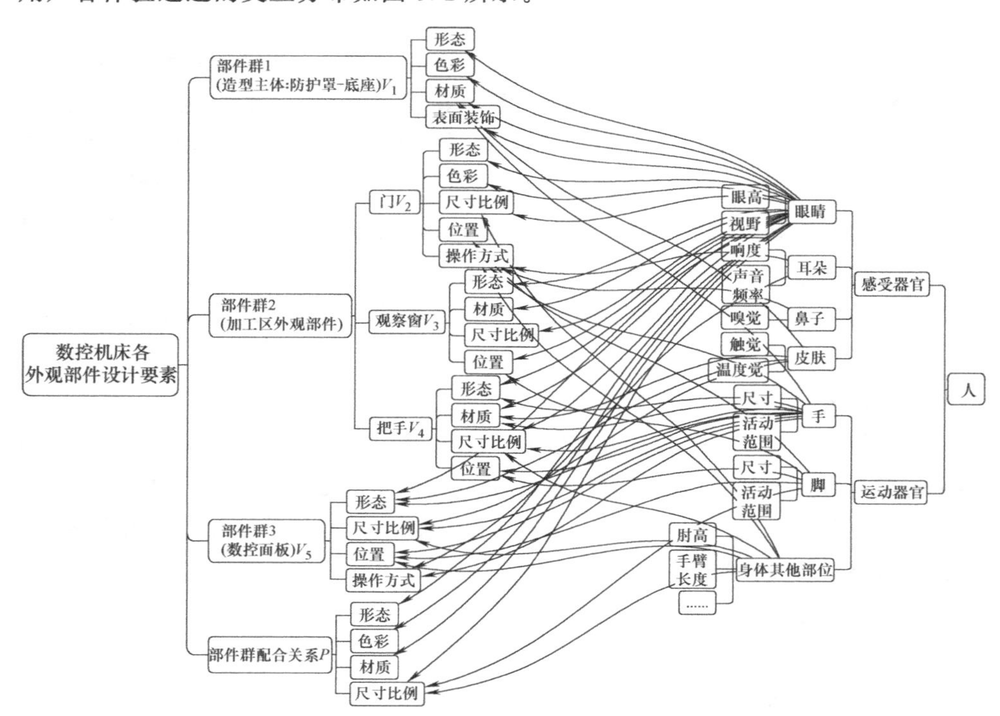

图 9.1 数控机床各外观部件设计要素与用户体验通道的交互分布

在进行数控机床用户体验设计时，应根据用户各体验通道类型和特点，有针对性地进行机床外观部件和整体的构思与创意。

9.3 造型主体：防护罩-底座

数控机床作为高精度、高速度、高速进给、高效率的专业产品，在使用过程中存在各种不安全因素，而防护罩是将操作者与机床危险因素有效隔离，预防安全隐患的主要装置，同时还能起到保持精度、降噪隔声、保护环境、隔湿防潮等作用。严格来说，观察窗、防火门等都属于防护罩的部分。考虑到设计的习惯以及用户体验交互途径的特征，这里将其分开讨论，防护罩和底座主要指机床外部造型主体。

防护罩和底座的造型设计基本决定了机床整体的设计风格，因主要通过视觉通道与用户产生交互，其初步确定了用户的情感体验和品牌体验水平，因此是数控机床外观造型设计的关键部件群。

造型主体的基本形态受机床类别、典型结构布局特征、最小不干涉空间等影响，但基本风格相对较自由。根据防护罩和底座在造型主体中的相对关系，可以将其分为两大类：分离式和一体式，具体如表 9.1 所示。

表 9.1　按防护罩和底座相对关系进行的分类

类型	特　　点	图　　例
分离式	防护罩和底座无论从结构上还是形式上都泾渭分明，形成相对独立的部分	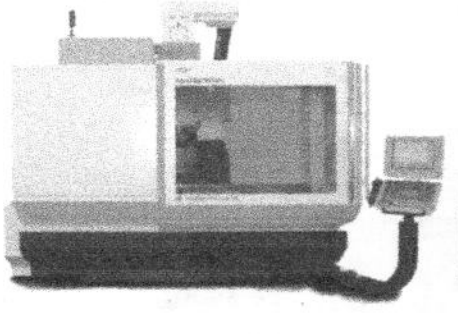 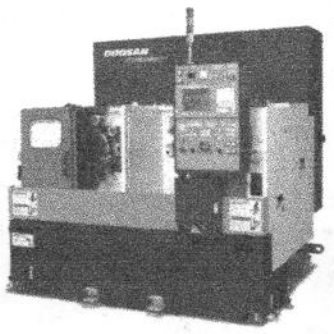 
一体式	防护罩和底座整体化，形成一个相对完整的部分	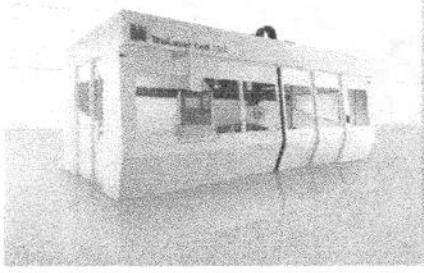 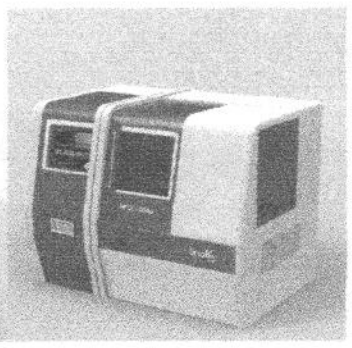 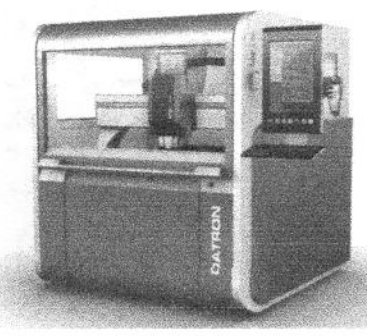

第1章 第2章 第3章 第4章 第5章 第6章 第7章 第8章 第9章 第10章 第11章 第12章

分离式防护罩和底座让人感觉结构清晰，特别是一般底座会用深色、防护罩用浅色进行配色对比，从而给人稳定、结实等心理体验。一体式防护罩和底座则强调机床造型的整体性，给人简洁、完整、精致等心理体验。当然，无论是哪一种，保持其特色均可以形成企业自身的品牌特征。

另外，防护罩和底座的尺寸比例也会对造型主体的体验感受产生影响，如图 9.2 所示为数控基床防护罩和底座主视图截面特征。a、b、c 分别表示防护罩宽度、底座宽度和底座高度。

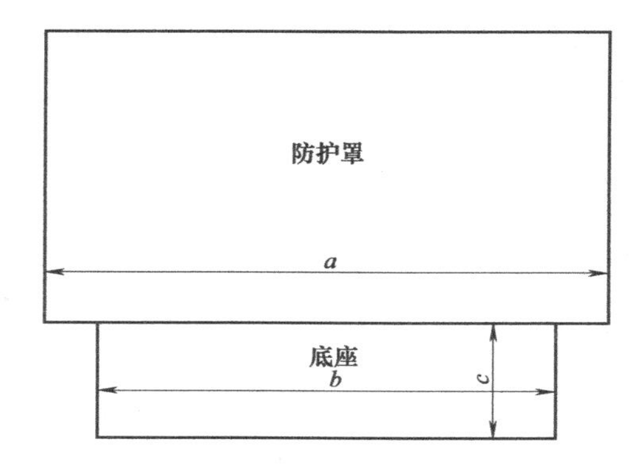

图 9.2　数控机床防护罩和底座截面特征

当底座的高度 c 值偏大时分离式特征会更明晰，而当 c 值偏小甚至接近 0 时，一体式特征将更为明显，如图 9.3 所示。

通过大量案例的总结发现，根据 a 与 b 的尺寸关系，可将造型主体分为 3 类。而且通过设计心理学规律和用户调研验证发现，它们各有相对统一的视觉体验，具体如表 9.2 所示。

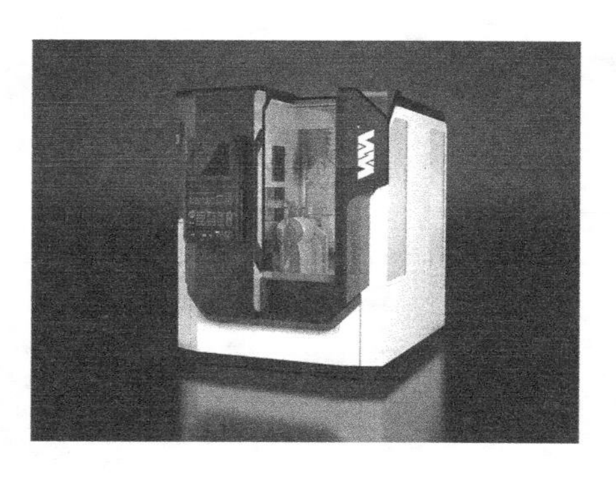

图 9.3　当底座高度值偏小时的效果

表 9.2　根据截面尺寸关系进行的分类

类型	体验规律	图　例
$a>b$	结构分明，给人以小巧、轻盈感，缓解机床容易给人造成的笨重、呆板等感受	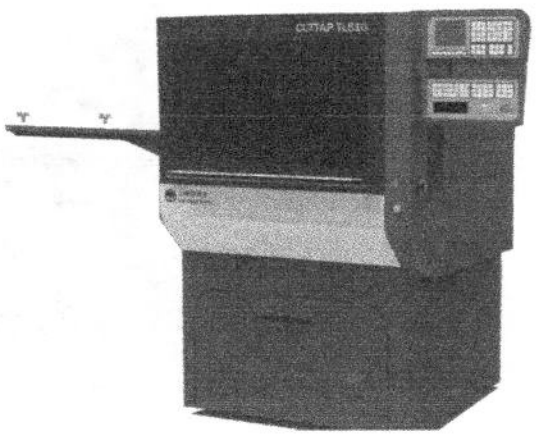
$a=b$	强调整体性，给人整洁、规整、统一等感受	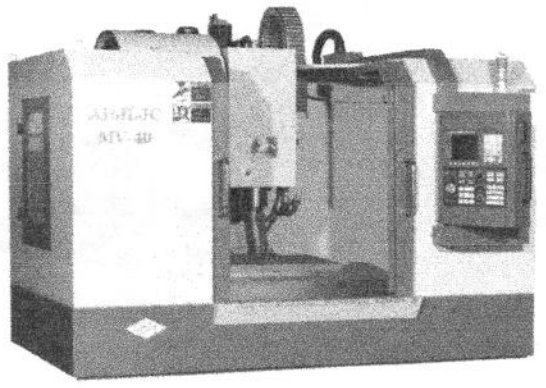
$a<b$	给人以稳重、安全、结实等感受	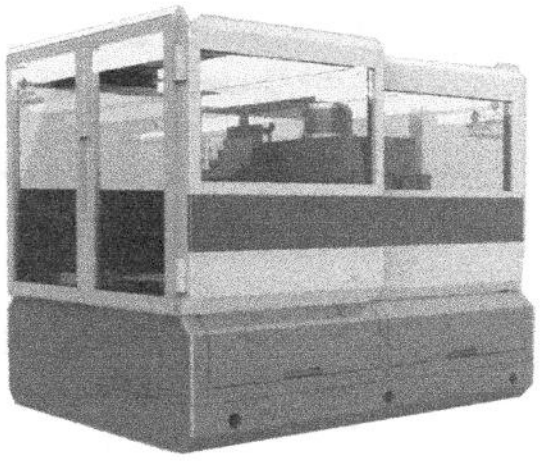

需要注意的是，当 $a>b$ 时，$a-b$ 的值越大，给人轻盈感和灵动感越强，但给人稳定感会越差。通常建议 $a-b\leqslant b/3$，否则容易给人造成心理上的不稳定感。

为了便于人的走动与站立操作，底座前部最好做适当造型处理，以便留出容脚空间，如表 9.3 所示。

表 9.3 底座容脚空间的设计类型

图　例	侧视图轮廓特征

9.4 加工区外观部件：门、观察窗和把手

9.4.1 数控机床门的设计

门是机床整体造型的重要组成部分，且和用户接触较多，需要频繁用手去开关，其尺寸和结构合理性对设备操作易用性有着重要影响。门的设计，一是考虑形态与机床整体造型保持一致，二是考虑宽度和高度尺寸。

尺寸上，为了便于操作人员安全操作工作区，门的宽度一般要求略大于工作台，即门打开后应能将工作台完全敞开。当然，数控机床类型和型号不同，工作台尺寸差异较大，门的造型也需做出相应变化，以满足用户的操作需求。工作台尺寸较小时可采用单门推拉结构；工作台尺寸较大时可采用双门推拉结构，以免单门因体积过大造成用户操作吃力；大型加工中心，加工工件尺寸较大，工作台尺寸也相应较大，为方便运输和装卸，可采用折叠门。如图 9.4 所示为机床门的常规类型。

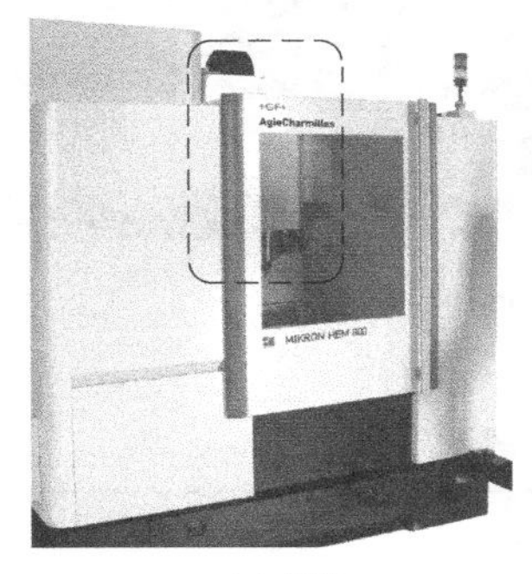

(a) 单门

(b) 双门

图 9.4　机床门的常规类型

通常的双门结构运动轨迹都是处于同一平面或一条直线上，但当对工件角度操作要求较高或一些特殊情况，也可以考虑在机床两个面上同时设置门，如图 9.5 所示。

同时在需要时也可以考虑多门形式，如图 9.6 所示。

另外，从门与防护罩的相对关系，即滑槽的相对位置来分，可以将门分成 2 类，其类型、图示与特点如表 9.4 所示。

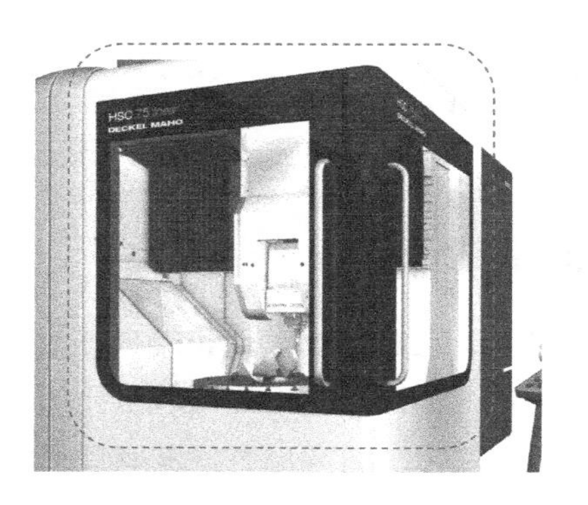

图 9.5　90°夹角形式门

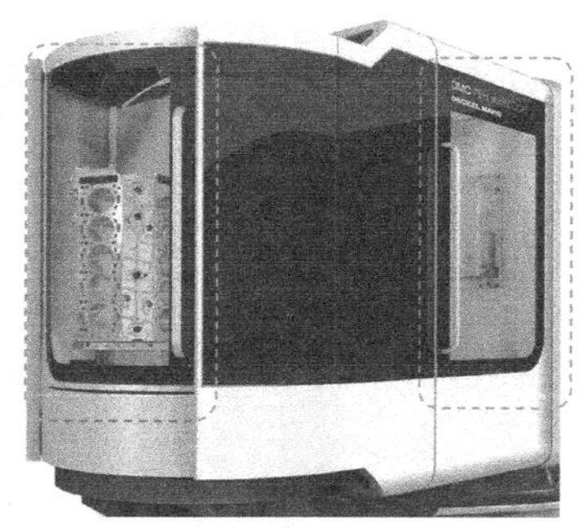

图 9.6　多门形式

表 9.4　门的类型、图示与特点

类型	图示	特　　点
外部		滑槽外露，造型受适当约束，情感体验可能会受影响。但便于工人清洁，易于保证门推拉的流畅度，提升操作体验和维护保养体验

续表

类型	图示	特　　点
内侧		滑槽内隐，整体性增强。但因部分滑槽不便于清理，且更易变形，长期使用容易造成滑槽推拉的卡顿，降低操作体验和维护保养体验

设计门的高度时也应进行适当考虑。因为门与观察窗通常为一个整体，为了保证用户视觉观察，其高度应高于人立姿时的眼睛高度，以便用户观察机器运行状态。注意，门也不能太高，以免对用户心理造成压力。

门的造型可从机床整体形态尺寸比例入手，在保证其功能性要求基础上强化机床整体的美学功能，还可以尝试运用一些曲线或曲面缓解机器的“冰冷”感。例如国际领先的德国机床产品经常在设计上采用弧形门造型，给人一种亲切简洁的视觉美感。除此之外，为了给用户更好的操作和安全体验，在门关上时可以通过声音传递机床门是否关闭严实的强烈心理反馈。

数控机床的工作区需要操作工分别在加工前后安装零件毛坯和卸载完成的零件。该区域的空间布置必须考虑手臂活动范围以及手的最佳操纵范围，以便让人能准确、舒适地完成相关操作，具体应依据人立姿时的近身作业空间确定相关尺寸，如图 9.7 所示为人的近身作业空间，如图 9.8 所示为人体手部正常作业区域，其中实线为考虑双手动作相互关联的作业区域，虚线为左右手分别的活动区域。

通过对该区域操作流程分析，进行空间设计时可遵循以下思路。

① 因操作工在实际操作时需将身体前倾以便接近工件，因此工作台的操作高度可低于人体立姿肘高。

② 因工人立在床身之外操作，为了避免被迫大角度前倾弯腰，工作台距离身体不能太远，尺寸建议以低百分位（如 5 百分位）男性人体手臂长度以及图 9.7 人的近身作业空间（b）双臂作业近身空间为依据确定。长时间大角度弯腰前倾姿势极易造成用户腰部不适以及操作精度的下降。

③ 操作的横向空间要保证拉开门之后，空间宽度大于人的双肩宽度，建议以高百分位男性（如 95 百分位）双肩宽度尺寸为依据，同时适当考虑着装和身体可能摆动的修正量。这样可以留够空间给用户完成各种操作，避免发生意外的碰撞等。

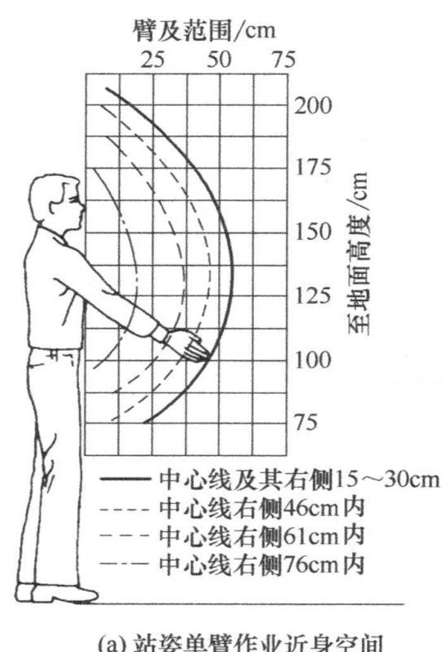

(a) 站姿单臂作业近身空间　　(b) 站姿双臂作业近身空间

图 9.7　人的近身作业空间

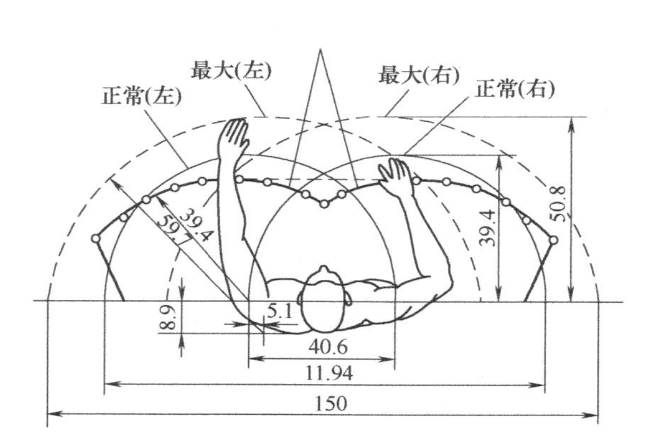

图 9.8　人体手部正常作业区域（单位：cm）

9.4.2 数控机床观察窗的设计

用户需要通过观察窗观察机床加工区工件形状、尺寸等加工进度以及刀具的切削、润滑、冷却、排屑等情况。观察结果和显示数据共同构成了机器对用户的交互信息反馈，对掌握生产进度非常重要。用户与观察窗间的交互主要是通过视觉通道，因此观察窗必须选择通透度较高的材料，目前主要使用钢化玻璃，不建议使用有机玻璃。

观察窗的设计对用户观察姿势和视域范围影响较大，应根据人体工程学相关测量尺寸进行设计。观察窗的设计应以人的视高为依据（建议选取人体50 百分位视高，以便适应大部分用户的高度），同时考虑视距以及人的水平与垂直视野范围。观察窗的面积大小应根据机床型号进行调整，如大型数控机床因主轴运动范围较大，为了保证用户对加工状况的观察，其面积应相应增大。

虽然从视觉观察范围来看，观察窗面积越大，操作工观察的距离与视角限制越小，操作体验越好，但是通过调研与用户访谈发现，由于观察窗是通透的，因对其材料强度等的担忧，面积越大，安全体验会有所下降，所以不少观察窗都加了加强筋或其他材料以达到强化观察窗结构、给人安全感等目的，同时还能增强其造型变换与美观性，但必须注意其密度，观察窗加强形式如表 9.5 所示。另外，从清洁与保养的角度来看，大面积的透明结构易暴露内部很多不太美观的部分，而且冷却液等喷溅在上面清理起来也比较麻烦，所以观察窗易选择光滑、易清洁、通透性好且强度高的材质。

表 9.5　观察窗加强形式

为了增强观察窗的整体性，同时保障用户的安全体验，也可以通过将观察窗整体分割的形式实现，如图 9.9 所示，由三个观察窗构成，提高了整体的观察窗面积。当然，随着钢化玻璃或其他通透材料的强度日益增强，人们对透明材料安全性信任度的日益增加，整体式观察窗会受到更多用户的青睐。

图 9.9 多个观察窗类型

观察窗的外部形态最常见的为平面，截面为矩形，用户最为熟悉，但也可以做曲面或其他截面形状的变换。如表 9.6 所示为观察窗形状分类。由于曲面造型成本较高，市场上的观察窗仍以平面类为主。

表 9.6 观察窗形状分类

类型	图示			
平面类	矩形	倒角矩形	圆形	不规则图形
曲面类				

9.4.3　数控机床把手的设计

把手作为操作人员频繁触摸与抓握的部件，对用户的工作效率和操作舒适性均有直接影响。把手位置高度、安装方式等决定了人是否能保持较合理、舒适的姿势；把手形状、长度与质感等决定了人触觉体验的结果。把手设计时，一般根据人手部的活动范围以及肘部高度综合确定把手控制的最佳区域。

为了保证较大的抓握力度和较好的舒适性，把手形状不宜太细，把手与手掌的接触面积越大，把手承受的压强越小，因此截面为圆形或较圆润造型的把手更为合适。有时为了机床整体造型风格的考虑，把手若设计成偏方正或硬朗的风格，可适当增加截面宽度，同时对侧边进行圆角处理。

把手截面尺寸以人手长度为依据，其截面直径一般为 10～20mm，最佳直径为 12～18mm。把手长度通常取决于人体手掌宽度，但仅限制了最短尺寸，主要还是根据机床造型确定。根据人体工学研究，把手长度应不小于 75mm，较合适的长度为 100～125mm。对于加工区空间较大的数控机床，一般采用双门结构，把手的左右抓握空间应纳入考虑。平行的两个拉手，握力最大的抓握空间距离为 45～50mm；两把手内弯时，握力最大的空间距离为 75～80mm。

把手的高度通常以人体 50 百分位肘高为设计依据，以便适合不同身高的用户。为了保证尽量多用户对把手的操作体验，推荐采用造型为长把手的设计。

9.5　数控面板部件

数控面板集中了人对机床操作与监控的两大重要工作，是数控机床人机交互和用户体验设计的主要部分。数控面板的设计包含四部分：显示区、控制区、两者的功能分区以及造型设计。作为数控机床必不可少的组成部分，数控面板造型设计应考虑与机床整体的结构关系，即安放形式，以及位置、倾斜角度等，保证人无论观察还是操作都处于准确、高效、舒适的工作状态，保证最佳的交互体验。

9.5.1　显示区

数控机床的显示区仅需向用户传递视觉信息，属于直接交互。数控机床显示的信息内容由所应用的软件决定，因其具有程式化特点，不属于工业设计研究内容，这里仅从显示硬件的交互设计进行探讨。

显示装置主要采用显示器和少量仪表，显示器种类及特点如表 9.7 所示。三者各有利弊，从用户体验角度应根据价格定位、结构限制等因素考虑从 CRT 或 LCD 显示器中进行选择。

表 9.7 显示器种类及特点

显示器种类	特点	缺点	使用情况
LED 数码管显示器	仅能显示数字以及有限的符号	不能显示图像	使用较少，仅用在经济型数控机床中
CRT 显示器	能显示多种字体、汉字字符以及图形	体积较大、重量过重；CRT 固有的物理结构限制了其未来的显示发展领域	当前使用最普及的一种
LCD 显示器	显示信息量大、无闪烁、视域宽广，重量轻、厚度薄、体积小	因 LCD 屏幕的物理结构特点，用户观看时眼睛会感受到不同程度的炫光和反射，视角改变时更为明显。同时造价较高、维修难	越来越多的机床开始采用，尤其是高端机床。但设计时必须充分考虑观察视角问题，以避免发射和炫光，并依此选择数控面板形式

显示器高度应依据人的眼睛高度确定，水平方向应置于双眼中线两侧各 15°视野范围，从而保证操作人员能通过视觉通道及时、准确、醒目地获取系统信息。视距，即人眼距离显示器屏幕的距离，最佳距离为 45～50cm，最远不能大于 70cm，最近不能小于 30cm，因为过远或过近的距离对人的视觉辨认速度和准确度都有影响，且极易造成视觉疲劳。

9.5.2 控制区

控制区操控装置的作用是将人的信息传递给机器，主要通过人的运动器官如手、脚、口等与其进行交互。采用的与人交互的通道不同，操作要求便不同，所以操控装置的种类较多。数控机床控制区的操作目前主要包括按钮、按键、旋钮等，主要用手操作。随着语音识别技术的成熟，“口”在未来数控机床控制方面也将大有用武之地，语音控制的数控机床可以摆脱人工、地点、设备等条件限制，将凸显智能化和人性化，但目前受机床加工车间噪声环境的影响，识别率有待加强。

数控面板操作区作为最主要的操纵区域，涉及的按键、按钮、旋钮等操控装置数量非常多，尤其是按键，因此，其设计合理性直接影响机床的可操作性和效率。

9.5.2.1　按键的设计

数控面板的按键数量非常多，种类包括字母键、数字键、快捷键以及多种功能按键。当前的数控机床大多采用液膜按键，因其具有体积小、整洁美观、空间紧凑等优点。

针对操作工人触摸习惯的调研发现，有90%的被测试者使用食指，仅分别有8%和2%的被测试者使用中指与拇指，因此按键的尺寸可根据人的食指指尖触摸面积大小和指端弧形进行设计，从而保证用户操作的舒适性。为了增强用户按压操作时的触感体验，选择的按键触感要舒适，按键感应灵敏度要适中，这方面可以从按键材料、工艺方面多做考虑。另外，常用的按键可以相对大些，便于用户进行辨认。紧急停止等重要按键应和常规功能键分开，避免误操作的发生。

9.5.2.2　按钮的设计

数控机床因采用大量的电子技术，数控面板上有不少按钮，设计时应根据人的手指端尺寸和操作要求确定。按钮的形状通常为矩形或者圆弧形，因其主要用于系统的启动与关停，为了便于用户识别状态，最好选用带有信号灯的按钮。比较适合人手尺寸的矩形按钮尺寸为10mm×10mm、10mm×15mm或者15mm×20mm，圆弧形按钮直径为8～18mm。按钮高出盘面5～12mm为宜，移动行程最好为3～6mm。

急停按钮虽然操作的机会很少，因其能在加工出现意外时及时终止机器的运行、保障安全，是数控机床数控面板上非常关键的操作装置。急停按钮的设计原则为确保人能在意外发生时及时、准确地触及但又不会在平时无意触碰到。因此，急停按钮的位置最好放在面板的左侧或者上部，尺寸上应比其他按钮或按键稍大，色彩上应选比较鲜艳、醒目的颜色，如红色、橙色等。

9.5.2.3　旋钮的设计

旋钮的应用比较广泛，其造型特征与功能相关。如图9.10所示为旋钮的形状。设计时，在保证功能的前提下，造型应尽量简洁、醒目，但旋帽部分可以设计出各种浅槽、齿轮纹、多边形，或者表面进行喷砂处理，以增强手的抓握力，防止打滑。

旋钮的尺寸选择应根据数控面板的空间大小、操作装置数量、空间布置等综合确定，但旋钮的直径必须保证手指或手部操作动作的速度与准确性。旋钮使用人手的不同部位操作时的最佳直径如图9.11所示。

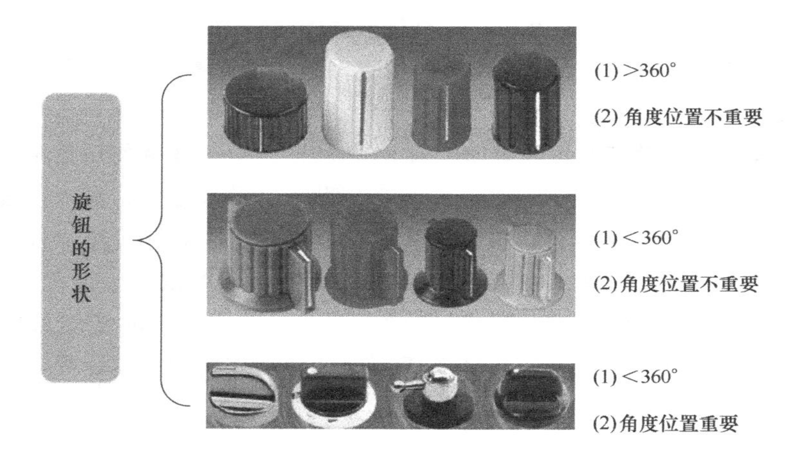

图 9.10　旋钮的形状

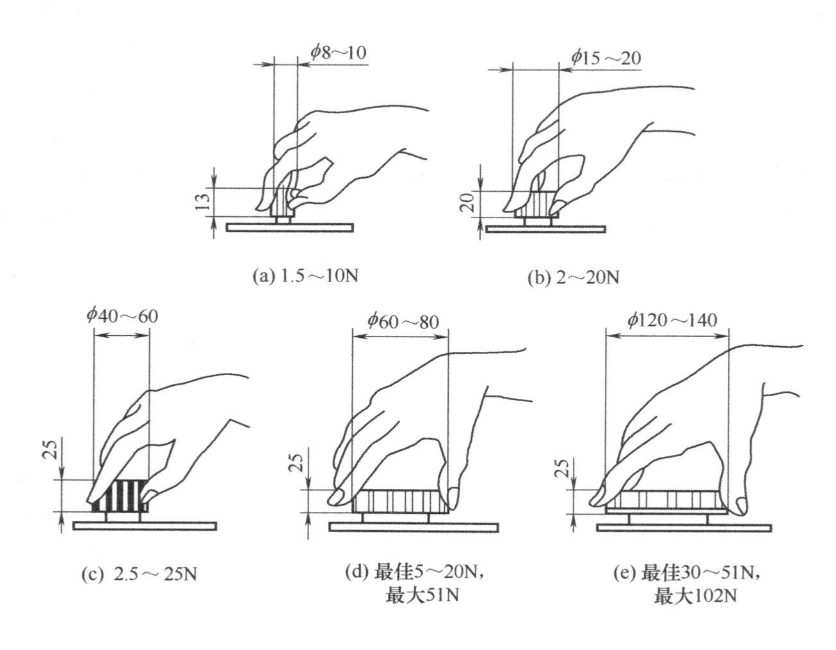

图 9.11　旋钮使用人手的不同部位操作时的最佳直径（单位：mm）

9.5.2.4　控制区布局设计

数控机床控制区设计，最为重要的是合理的区域划分，因为不合理的按键排列极易导致操作者效率低下、心理疲劳，且易引发操作失误。设计时可遵循以下思路。

(1) 按功能和操纵装置类型划分区域

基本原则：功能相似的放置于同一区域；操作装置类型一样的放置于同一区域；使用频繁的放置于人的手指操作速度较快区域。

如图 9.12 所示为不同区域内手指敲击速度差异，最快的区域为左右手夹角 30°～60°区域，所以操作最为频繁的操作装置应布置于速度较快区域。另外，急停等重要功能键应独立划分出来，置于醒目位置，且处于右手能快速反应、操作的区域，以便事故突发时能迅速反应。

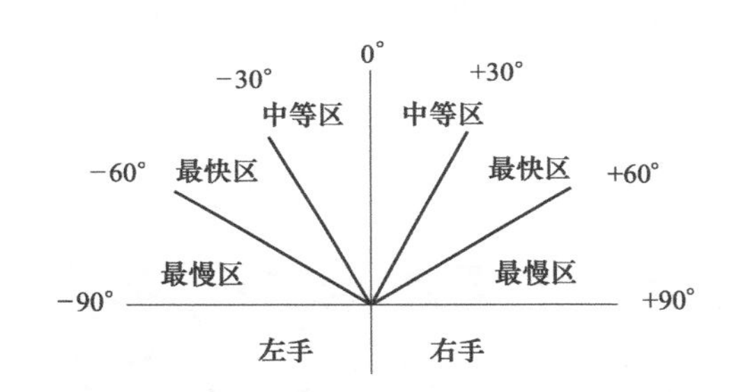

图 9.12　不同区域内手指敲击运动速度差异

如图 9.13 所示，虽然数控面板上按键数量很多，但依据功能将按键分成多个区域，同时利用线条对分割对区域范围进行强化，整个面板显得整洁明了。

如图 9.14 所示，数控面板上因选用按钮和旋钮数量较多，根据其操作类型和形状将其分成了多个区域，如虚线框标识区域为按钮和旋钮类型，使操作方式不易混乱。

(2) 按色彩划分

色彩是与人视觉交互的重要属性，鲜明的色彩对比能给操作者直观清晰的视觉引导，因此利用色彩划分区域更为直观、有效。如图 9.15 所示，数控面板分为利用黑色、灰色以及青色作为背景色将面板分成了几大区域，同时利用白色、橙色、青色等将重要按键突出显示，使得画面既清爽美观又功能清晰。

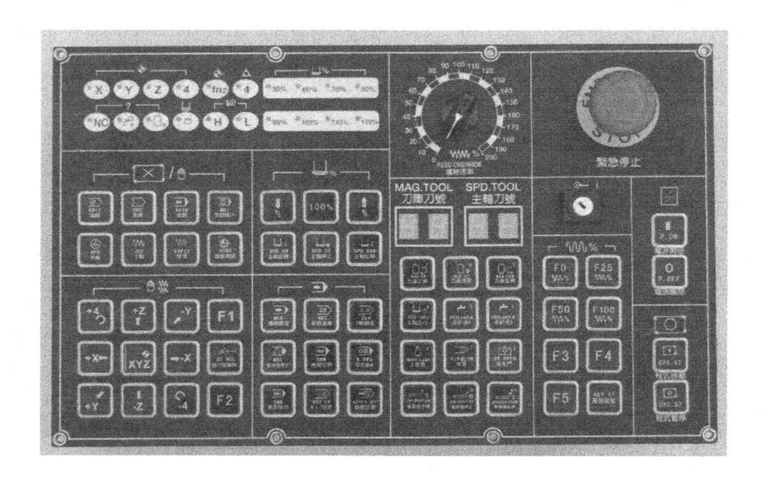

图 9.13　根据功能进行分区的数控面板设计

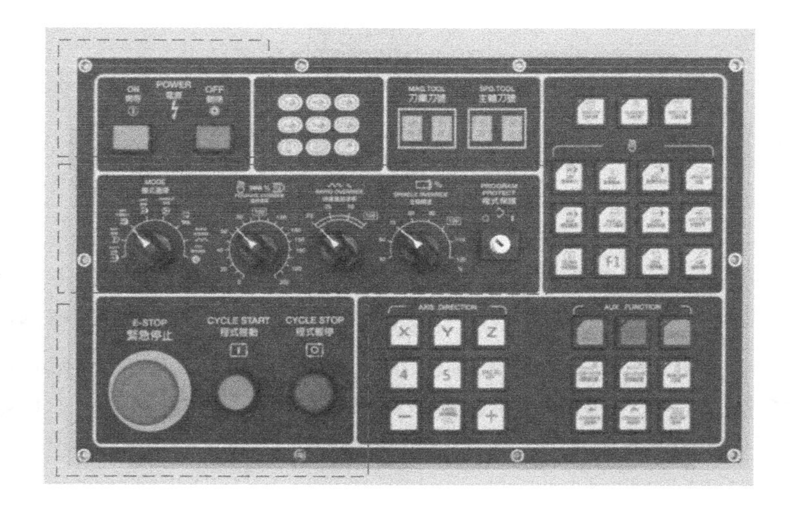

图 9.14　按操作装置类型进行分区的数控面板

色彩的应用既可以提升用户的可视性，又能使整体显得美观。但是，在实际的控制区设计，为了达到用户的最佳操作效率和操作体验，通常将功能、操作装置类型、形状、色彩、大小、人手操作速度等因素进行综合考虑。

图 9.15　按色彩进行分区的数控面板

9.5.3　数控面板

9.5.3.1　数控面板造型设计

数控面板的形态多种多样，根据其与床身的相对位置，即安放形式，可以分为四种，如表 9.8 所示。安放形式不同，造型相应有所差异，但都必须考虑与机床整体造型的统一与协调。

表 9.8　根据安放形式进行的数控面板分类

安放形式	特征	案例示意
整体式	直接固定在机床外壳或门上	

续表

安放形式	特征	案例示意
悬臂式	固定于从机床上部伸出的悬臂上	
下伸式	固定在从机床底部伸出的支撑臂上	
独立式	作为一个完整整体,独立于机床本体之外	

另外，根据显示区与控制区的位置关系又可将数控面板分为两种，如表 9.9 所示。相对而言，折弯型更适于人操作与观察的舒适性，且夹角能自由调节，更能很好地适应用户个体差异，但成本会有所提高，而且对安放形式、机床整体造型风格也有所限制。

表 9.9　根据显示区与控制区位置关系进行的数控面板造型分类

安放形式	特征	案例示意
直板型	显示区与控制区处于同一平面	
折弯型	显示区与控制区间有一定夹角	

9.5.3.2　数控面板空间设计

人在数控面板空间的操作属于较为细致的信息化、控制式操作，设计的关键是将显示区和控制区布置于使用者正常的操作范围内，无论是高度、位置、倾斜角度，还是布局形式、控制装置尺寸等，都应保证人处于视觉观察和手部操作的舒适范围内，以便高效、准确地操作。另外，显示区与操作区在空间关系和运动关系上应与其他显示装置和操纵装置兼容，根据显示与操纵的相合性排列，同时保证显示区编码与操作区装置编码的一致性。

以用户为中心进行设计的关键是充分考虑人的相关静态尺寸和动态尺寸。考虑到数控面板的结构特点，其尺寸、高度等建议以人体 50 百分位为依据确定（即平均尺寸原则）。由于机床的拉门多为向右推拉或者双开，数控面板最好放置于门的右侧，这样更符合操作人员的动作以及习惯。当然独立式控制台因可自由移动，无须考虑位置问题。

数控面板的高度需要根据人立姿视野和视高参数确定，对于控制柜，如果考虑坐姿则需依据人体坐姿参数确定。如图 9.16 所示为人的视野范围，需注意人在水平面上的双眼视域为左右 60°区域，其中对文字的辨别范围为 10°～20°，对字母的辨别范围为 5°～30°，对颜色的识别区域稍微大些，可达到 30°～60°；人在垂直平面上对色彩的辨别界限为视平线上 30°至视平线下 40°，但要注意人的自然视线通常低于标准视线 0°，立姿一般要低 10°，坐姿低 15°。应将最主要的显示区布置于用户视野的中心区域，其他功能区根据重要性和操作-显示相合性依次向周边过渡。数控面板的高度建议控制为 93～108cm，以保证操作尺寸男女均适用。

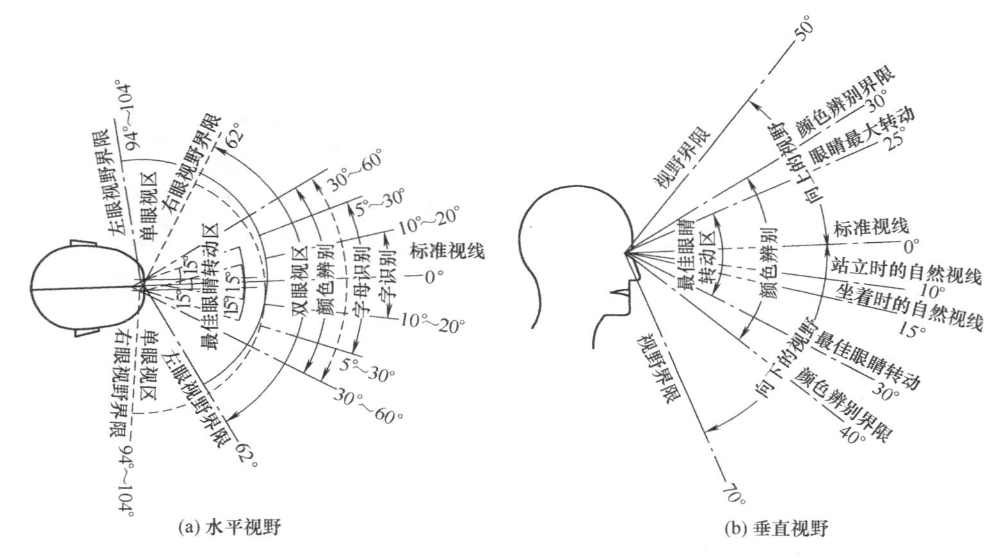

图 9.16　人的视野范围

另外，控制区最好设置为与水平面呈 30°夹角，以保证操作的舒适性。因此，操作区与显示区处于同一平面并不是最佳的设计方式。总之，为了保证所有的操作者都能处于最舒适的操作状态，数控面板最好能设计为可调式，包括数控面板位置、高度、显示区和控制区角度以及两者夹角等，只有充分满足人的操作需求，才能提高操作人员的工作效率。

除了视觉的观察和手的操作，还可以有效利用语音、声音、触觉等多通道与用户进行交互和反馈，从而保障操作的正确和安全。如在进行指令操作时，可以利用按键或按钮的微位移、微交互或语音提示等给操作者指令是否执行、操作是否正确等信息提示。

第1章 第2章 第3章 第4章 第5章 第6章 第7章 第8章 第9章 第10章 第11章 第12章

9.6 部件群配合关系

9.6.1 数控机床造型

9.6.1.1 数控机床造型风格

数控机床整体造型由形态、色彩、材质、装饰等属性的变化形成多种多样的设计风格。数控机床造型手法多样，不同的风格呈现不同的视觉效果，给用户传递不同的感觉与体验。如图 9.17 所示为部分知名机床品牌的代表性产品。

(a) 德国DMG

(b) 美国Haas

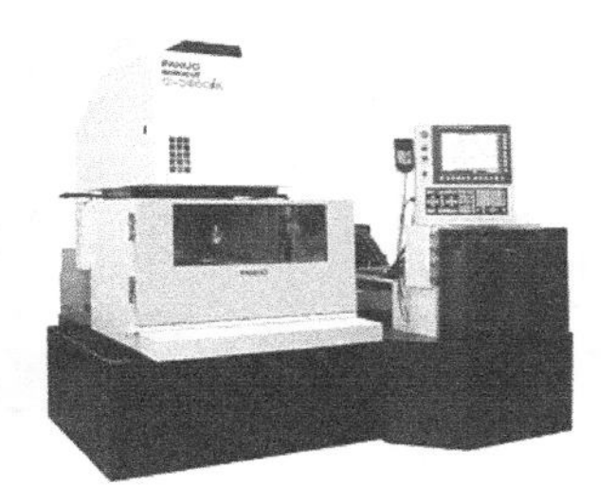

(c) 日本FANUC

(d) 西班牙DANOBAT

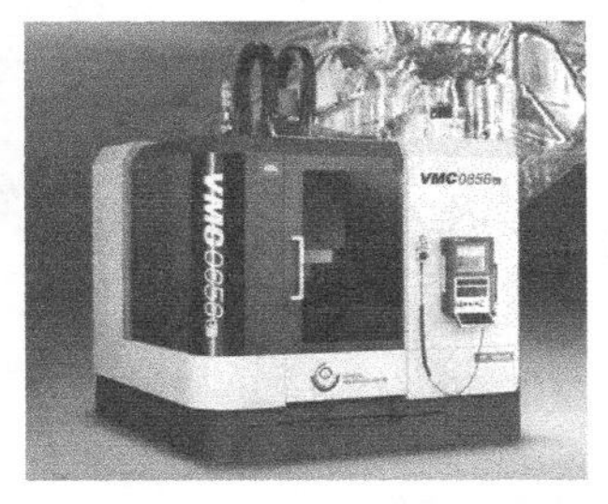

(e) 中国沈阳机床

(f) 中国普什宁江

图 9.17　部分知名机床品牌的代表性产品

通过对当前数控机床主流造型的总结分析，其造型风格可分为四大类，如表9.10所示，整体多运用大面积钣金件对内部结构进行包裹，从而塑造较强的整体感，同时利用直线、折线、曲线等形成细节变化。

表 9.10 数控机床造型风格分类

造型风格	特点	体验特征	细节设计要点	案例示意
方直风格	整体造型偏方正，形态多采用直线加小角度过渡	传递严谨、理性、有序、精致的感觉，符合数控机床高科技、高精度、高效率等产品特点	外罩、门等常采用方正的直线造型，可以有倾斜变化；观察窗多用圆角矩形；把手常横向或纵向置于观察窗旁	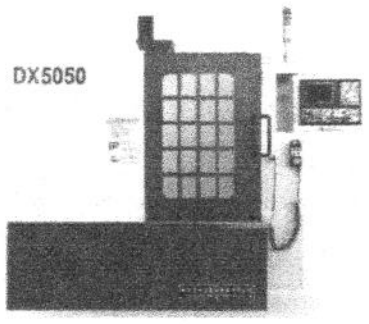 
斜线梯形风格	多采用倾斜的直线造型，整体形态形成正梯形或倒梯形	正梯形风格给人向上、雄伟的视觉效果；正、倒梯形相结合给人轻巧稳定、生动活泼的感觉	面与面间有较多层次变化；观察窗轮廓造型变化多样；把手造型与门风格呼应	 
曲面风格	整体造型以曲面为主，面与面间过渡较圆滑。可采用不同曲率以及比例曲线造型提高人-机-环境整体协调性	因曲线、曲面造型较多，整体较圆润，显得自然、亲切、生动美观，富有人情味	外罩、门等多采用大弧度曲面；曲面与直面间采用圆滑过渡；观察窗可采用圆角矩形，也可运用曲线变化；把手为了呼应整体造型，多设计为曲面造型，但如果尺寸较短亦可采用直线	 

9.6.1.2　数控机床形态设计要点

(1) 善用直、曲过渡

出于对数控机床整体精度的控制、用户人身安全的防护、作业环境的维护以及造型的整体性和美观性等因素考虑，现代数控机床多采用全封闭防护造型。数控机床的形态与以往相比已发生了较大改变，整体趋于简洁，开始使用大量的曲线，这正说明了用户的情感体验得到了重视。数控机床外壳一般不参与过多的技术功能，因此造型设计上可以有较大的自由度，但因整体体量较大，考虑到金属钣金件的加工工艺，整体造型以直线为主可以使成本得以有效控制。直线的造型语言为理性、严谨，与数控机床的特点比较一致。但全部为直线又容易让人感觉冰冷、生硬、呆板、没有亲和力，同时也易缺乏时尚感，所以可以在部件与部件、面与面的连接处采用多种形式的过渡，例如平面与平面、平面与曲面、曲面与曲面，从而构成造型更加柔和、富有人情味的整体。常用的组合过渡方式有：弧面过渡、斜面过渡、异形面过渡以及形体修棱过渡等。

(2) 遵循美学设计法则

对于数控机床用户而言，虽然每个人对形态的感觉会有差异，但普遍会有一些共同的心理需求，如安全感、稳定感、舒适感、愉悦感等。设计时可以运用一些人类对形态感知的共性，如对称、均衡、统一、变化、节奏、韵律等进行造型，从而给用户传递不同的情感。例如以机床底部支撑的中轴面为基准设计出左右两侧体量均衡的对称造型，将使人感觉庄重、安稳，能带来较强的安全感。

(3) 把握尺度比例的变化

另外，尺度比例也是产品外观造型设计的重要内容，具体应根据影响各部件的因素进行合理安排与协调。常用的比例关系有：黄金分割比（1∶0.618）、均方根比例（$1:\sqrt{n}$，$n=2, 3, 4, \cdots$）。通常数控机床形态各部分采用等值或相近的尺度比例容易得到让人感觉协调、舒适的体验效果。

(4) 进行表面装饰设计

运用装饰设计是有效提升数控机床造型艺术效果的有效手段，常规的装饰包括企业名称、LOGO（商标）、产品型号以及装饰线等。设计时要注意企业形象标识的规范化应用，同时与品牌形象以及企业系列产品风格保持一致。好的装饰设计既能满足用户的审美需求，又能加深用户对企业形象的认知和品牌认同。如

图 9.18 所示，Mazak 品牌系列机床采用统一的品牌标识（甚至连位置都统一放置于机床上部）以及橙色的纵向线条装饰线，给用户营造一种非常统一、严谨、有品质保障的品牌形象。

图 9.18 Mazak 系列机床装饰设计运用

另外，还可以在机身上附加一些装饰件，诸如镶嵌铬条或利用电镀工艺增强材料质感和肌理变化，从而强化视觉效果。

9.6.2 数控机床色彩设计

9.6.2.1 色彩设计对用户体验的重要性

在人类的所有感受器官中，视觉接收信息能力最强、最准确。产品造型各属性中与视觉相关的包括形态、色彩以及材质（质感），三者属于相互依存、不可分割的整体。与形态和材质相比，色彩更趋于感性化，更能够通过人类感知觉传递某种情感。

温馨美丽的色彩设计能体现产品对用户的尊重。优秀的产品配色能给人带来强烈的视觉刺激和心理作用，甚至能影响人的情绪、改变人的行为。合理利用色彩设计既能满足人的情感需要，又能刺激消费者的购买和使用欲望，能有效提升产品市场竞争力，而且色彩的改变与形态和材质相比要相对容易得多。

9.6.2.2 产品色彩的心理特征

人在感知色彩的过程中会产生不同的心理语意，包括共感觉、联想语意和象征语意。

(1) 色彩的共感觉

指人的眼睛在受到光线刺激时伴随色觉产生的各种非色觉的其他感觉，常见的色彩共感觉类型包括冷暖感、距离感、轻重感、强弱感甚至嗅觉和味觉等。在色彩设计时充分利用这些共感觉可以使产品展现出丰富的表现力，从而带给用户独特的视觉体验。

(2) 色彩的联想语意

长期的实践总结发现，色彩通常与某些感觉共生，相应的感觉又常常会和某些事物关联，即形成色彩联想。色彩的联想由人在特定环境中对观察对象色彩的认识而形成，联想内容因人而异，受人物年龄、性别、文化程度、性格、人生阅历等影响，但同时又反映出人类生活经历的共性，具有典型的地域特征，是重要的产品设计语言。

(3) 色彩的象征语意

当色彩的联想被某种社会特定文化固定，成为某种社会观念时便形成了色彩象征语意。受自然环境和社会人文环境影响，不同的国家、地域、民族、时代对同一色彩可能会产生不同的象征语意，甚至截然相关的含义。因此，进行产品色彩设计时必须考虑用户群对色彩的喜好和禁忌。

9.6.2.3　机电产品色彩设计的作用

① 创造良好的色彩环境，使用户保持心情放松、心情愉悦。

② 保障生产安全、提高用户工作效率。

③ 视觉引导或心理暗示，使产品易理解、易操作。

④ 美化产品外观，塑造品牌形象。

9.6.2.4　基于用户体验的数控机床色彩设计原则

(1) 与机床功能相匹配

数控机床种类繁多，具有不同的功能和使用特点。造型设计应充分表现功能特征，作为造型设计的重要属性之一，色彩设计亦需满足考虑这一点，不能千篇一律。设计时应尽量使色彩特征与机床功能要求相一致，以便让机床最大化地实现功能。

(2) 满足人与机床相适应的要求

不同的色彩给人不同的心理感觉，造成不同的体验效果。色彩设计应考虑到人在使用机床时的心理需求，使机床的色彩和人的视觉交互达到协调及平衡，让用户在工作过程中感觉安全放心、心情舒畅轻松，从而保证操作准确可靠、高效快捷且不易疲劳。

(3) 与环境协调

机床设计选用的主色调应与周边环境相协调。数控机床使用环境通常指工厂生产车间，通常比较整洁、干净，整体色调明度较高，以浅色调或暖色调为主。

9.6.2.5 数控机床色彩设计要点

数控机床的色彩依附于整体造型，但由于它先于形态被用户感知，通常比造型更易吸引用户。

① 整体色彩力求单纯，以 2～3 色为好，凸显机床的整体感。色调尽量让人感觉安全、放松、舒适、无刺激、不易疲劳等。配色上可大面积采用低纯度色彩一统全局、高纯度的小面积色彩活跃视觉、中性色作为过渡，从而形成调和统一，色彩单纯而不单调、稳重而不沉闷，含蓄、耐看，从而让用户在环境中感觉舒适、精神愉快、注意力集中。

② 重点部位重点配色。例如数控机床的数控面板、急停按钮、刀库等都是重要部分，色彩设计时应给予重点关注。由于人需要经常在这些部位工作或对保证机床正常运行至关重要，人的眼睛、手等器官活动较为频繁，应采用纯度和明度较低的中性色，从而保证人的视觉识别度、无刺激和炫光，让人感觉舒服、不易疲劳。同时，色彩的选用应注意在人眼的色视野范围内，如图 9.19 所示。

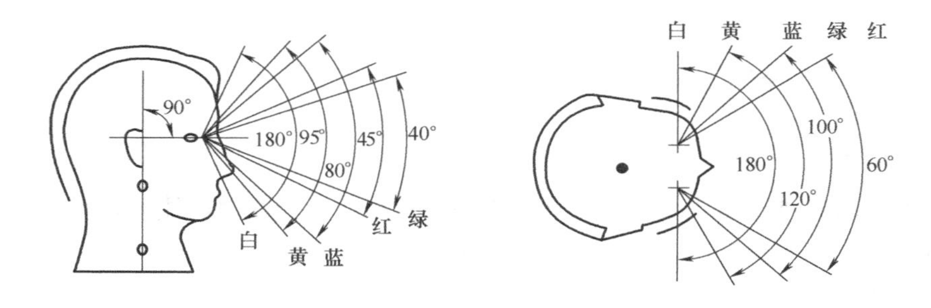

图 9.19 人眼的色视野范围

③ 充分利用色彩的心理特征进行设计。不同的色彩能给人传递不同的语意和情感，形成不同的体验感受，设计时可充分利用。

例如，利用色彩的轻重感，机床底座采用明度低的暗色、上部运用比下部浅的亮色可以给人传递一种稳定、安全的感觉，如图 9.20 所示。

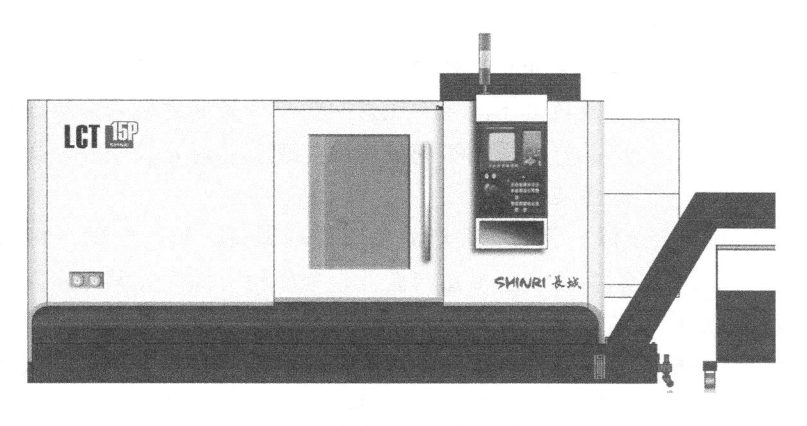

图 9.20　色彩设计的轻重感运用

再如，体量较小的部件采用膨胀色作为表面色彩能让人感觉面积更大，进行数控机床数控面板设计时可以运用色彩的面积感规律使重要按钮凸显出来，让用户感觉更直观醒目，如图 9.21 所示加工中心数控面板运用红色、橙色突出了紧急停止、关、程序暂停、主轴停止等按钮，运用绿色强调了开、程序启动按钮，使这些重要部件在用户需要操作时一目了然。

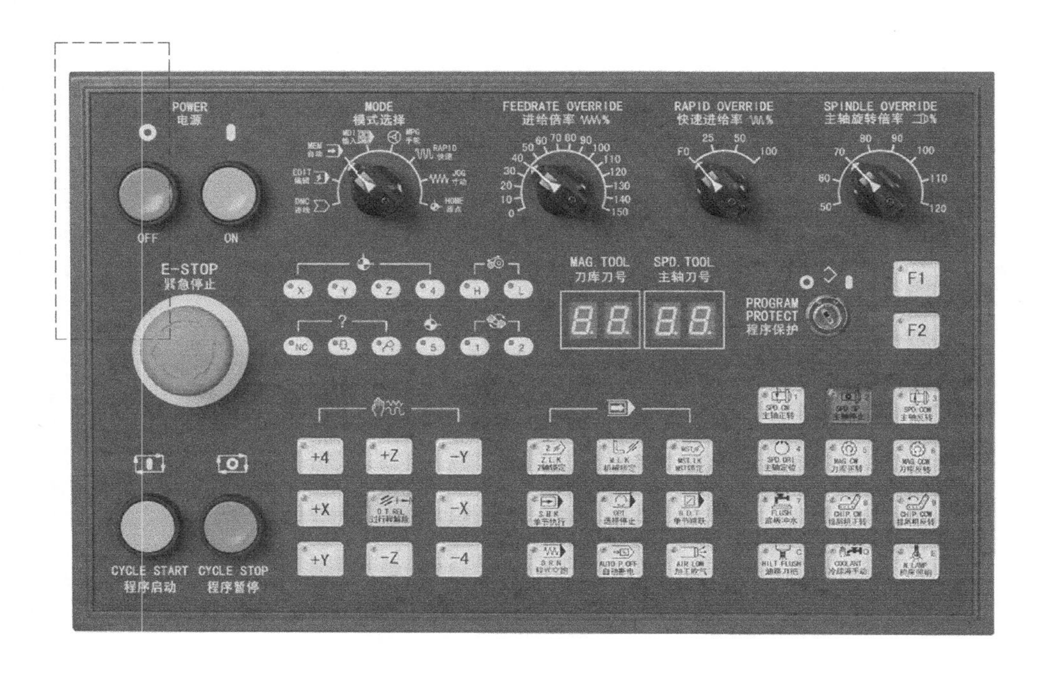

图 9.21　色彩设计的面积感运用

④ 注意考虑环境光、材质等对色彩的影响。不同的环境光源会呈现出不同的色光，如太阳光（自然采光）呈现白色光、荧光灯呈现蓝色光，而白炽灯呈现黄色光。产品表面的固有色被不同光源照射时将呈现不同的色彩效果，给人不同的视觉体验。另外，产品材料采用不同的表面处理工艺时，如喷砂、抛光等，同样的色彩将产生不同的色质效果。

⑤ 主色调与企业标志色或品牌产品色彩系列保持一致，辅助色可适当考虑人们喜爱的流行色。产品色彩应尽量与企业形象保持一致，尤其是企业产品已在用户中获得一定声誉的，新品开发应尽量维持原有主色调。

总之，数控机床色彩设计应恰当地考虑产品功能、材料、工艺、肌理，用户的色彩偏好和情感需求，以及外部环境等多方面因素，从而达到丰富的视觉效果。

第10章

数控机床用户需求的获取——全民参与

通过调研与访谈发现，无论是数控机床生产还是使用企业对机床操作工人的需求重视度都远远不够，有些企业虽然有意见收集机制，但也基本形同虚设，操作工的意见与需求并未被真正采纳。另外，由于操作工长期处于企业较底层的位置，其自我需求意识相对较弱，基本处于“人适应机床”的状态，企业未能达到人-机系统的效益最大化。根据数控机床行业特点，提出了“全民参与”的用户需求获取理念和思路，以期用较小的代价持续获取数控机床用户的意见和需求。

10.1 全民参与理念的提出

10.1.1 全民参与的概念

这里所谓的“全民”并非全体大众，而是强调充分调动机床生产企业和使用企业的全体人员，鼓励他们参与到提升数控机床用户体验的设计开发过程当中，并积极发出自己的声音。“全民参与”的本质是鼓励大众用户积极反馈对产品和服务的操作体验以及体验评价。

生产厂商必须充分了解顾客的需求以及对其产品的满意度，长期以来也确实投入了不少人力、物力和财力用于收集顾客信息、处理顾客的抱怨以及分析顾客不满意的信息，但结果仍不尽人意，原因在于这些调研和结论仅仅代表了数控机床生产企业的角度。全面参与将“用户”放在了重要位置，通过鼓励全民参与，可以帮助企业从用户角度做决策。

10.1.2 全民参与的内容

全民参与主要包含两个方面。

(1) 生产企业内部，理念推广，鼓励参与

数控机床生产企业有一个特点：既是机床产品的生产方，又是使用方。因为数控机床产品一般需要更高端的机床进行加工生产。这意味着企业内部人员基本参与完成了机床类产品用户体验周期的所有阶段，包括购买体验、运输体验、安装体验、操作体验和维护体验各个阶段。虽然具体体验的产品有所不同，但体验的感受和结论具有一定的共通性及借鉴性。

全面参与便是充分发挥该优势，让企业内部人员随时将自己的相关体验经历、感想、意见等反馈给设计部门，作为当前或未来产品开发的重要依据和参考，让大家参与到产品开发当中。

(2) 产品使用企业，鼓励用户反馈意见，参与产品改良

核心思想与以往相似，获取用户使用意见，但常规的用户意见簿、问卷调查、用户访谈等方式都使得用户相对被动或积极性较低。全面参与则是试图寻找让用户主动、积极参与使用意见反馈的手段和方法。

10.1.3 全民参与的可行性

全民参与式用户需求获取能否可行，关键在于用户是否愿意将机床使用感受、意见等反馈给厂家。为了验证其可行性，进行了相关问卷调查。共发放50份问卷，对象包含30位操作工、8位相关工业设计师、3位采购员、3位工程师和6位管理人员，最后回收有效问卷46份，结果如图10.1和图10.2所示。

调查结果显示，高达93.5%的被访者非常愿意或愿意将机床使用感受或意见反馈给厂家，95.7%的被访者非常愿意或愿意与同事交流对机床的使用感受或问题。这充分说明全民参与模式是有用户基础的，是切实可行的。

10.1.4 全民参与的优势

推行“全民参与”理念，具有几大优势。

① 能以较小的代价、较低的成本持续地、源源不断地获取用户真实的各类相关产品操作体验信息、体验评价以及建议。

② 能提高用户对品牌和产品的持续关注度，提升用户使用忠诚度。

您是否愿意将数控机床的使用感受或者意见反馈给厂家？

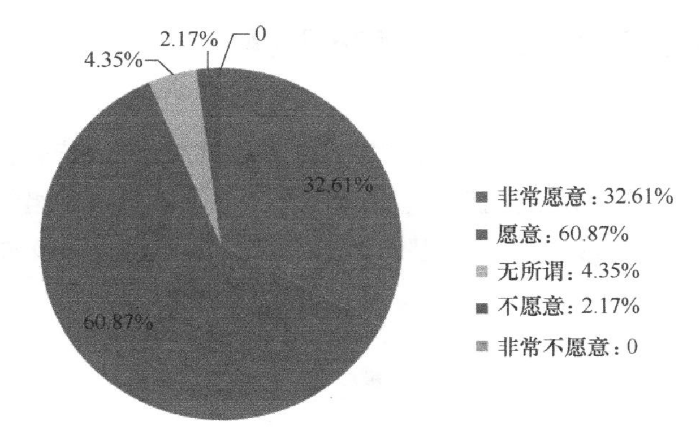

图 10.1　问卷调查——用户反馈意愿调查结果

您日常是否愿意与同事交流和讨论对机床的使用感受或问题？

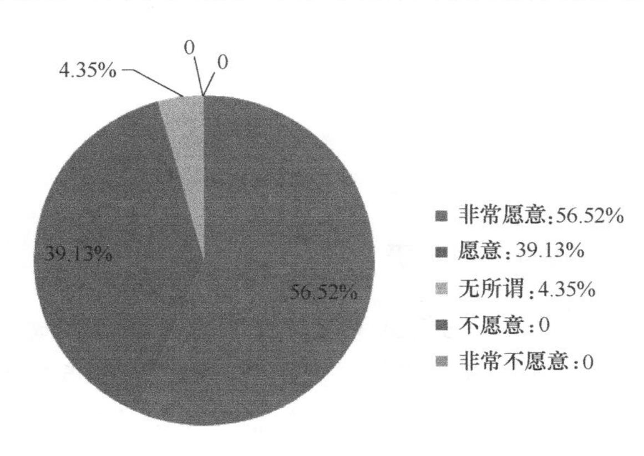

图 10.2　问卷调查——用户交流意愿调查结果

③ 强化大众对用户体验的认识与认同。用户体验的理念不能局限于行业或设计团队内部，需要利用各种途径对外宣传、获得认同，才便于在产品开发和销售宣传中发挥价值。全民参与可以让更多的人认识到用户体验的意义并参与其中，进而影响到企业机床采购，形成良性循环。

④ 能通过用户参与留住更多用户。目前选购商品之前参考用户评价已成为人们选购的一大典型行为。商家详尽的介绍和天花乱坠的推荐对消费者不如普通用户的评价让人信服。用户评价已成为影响产品销售非常重要的一个因素。由于数控机床产品的高价格和长使用寿命，采购企业对产品质量、服务等更为关注和慎重，真实用户的反馈对其会更有信服力，提高其购买的可能性。

10.2 需求获取：全民参与的实施

用户体验是一种“交互”，全民参与也离不开“交互”。若想保证全民参与的顺利推行和实施效果，必须保证参与方（用户和相关人员）和组织方（生产企业或用户体验部门）的良好交互，如图 10.3 所示，参与方的积极参与和组织方的及时反馈必须形成顺畅的闭环系统。

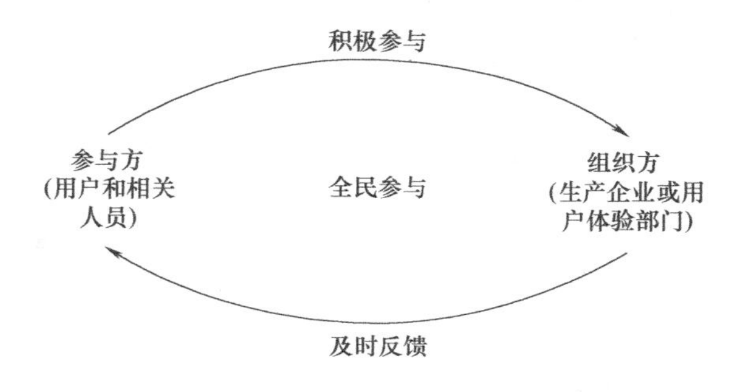

图 10.3 全民参与的闭环系统

10.2.1 全民参与途径的调研

为了更好地确定全民参与的信息反馈与交流途径，特意做了相关问卷调查，最终获取有效问卷 46 份，相关调查结果如图 10.4 和图 10.5 所示。

从调查结果来看，QQ、微信、电话、短信等是被访者普遍交流的方式，但在反馈或交流机床使用感受和问题时，大部分被访者更倾向于微信公众号，其次为 QQ、调研或访谈、电话、专业意见收集或交流平台等，为未来确定全民参与信息获取途径给出了借鉴。

10.2.2 全民参与的实施

全民参与的实施涉及以下方面。

(1) 全民参与理念的推广

针对新员工或定期培训，增设用户导向或用户体验相关内容，向其灌输全民参与的理念和价值，将“以用户为中心”思想贯穿到产品研发、加工和营销等实际工作中。企业理念推广的途径包括：

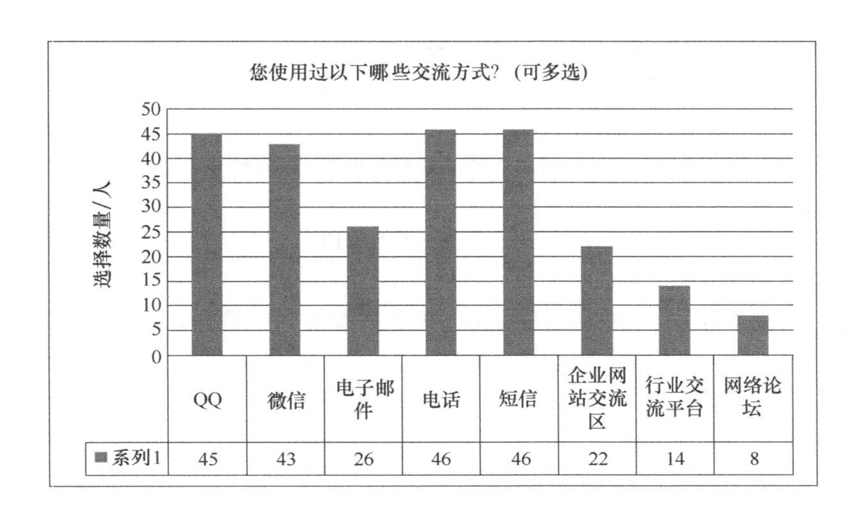

图 10.4　问卷调查——交流方式调查结果

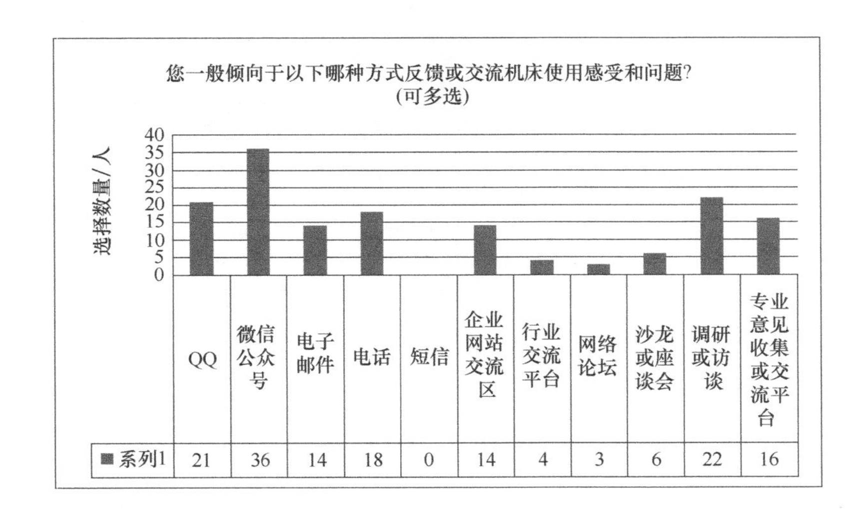

图 10.5　问卷调查——倾向的反馈或交流方式

① 系列课程的开设，如以用户为中心的设计、用户体验理念简介、用户研究方法基础等；

② 定期举办全民参与主题沙龙，将市场、采购、技术研发、设计、售后以及生产等部门同事聚集在一起，分享、交流各自在与用户或机床产品接触时的经历、体会、经验、收获等；

③ 微信公众号、企业 BBS、企业信息宣传栏等途径的信息推送与宣传、组织热门关注点的讨论等；

④ 邀请企业员工、部门领导，或者产品用户、目标客户等参与用户调研、访谈、测试或实验等。

另外，企业用户体验部门还可以组建全民参与交流平台，分别面向企业内部和目标客户，定期发布专业文章、业内资讯，同时成为收集企业员工、目标客户、产品用户的操作体验、产品需求、问题反馈以及及时解决各种问题、公布意见采纳情况的交流渠道。

(2) 全民参与实现的途径

企业员工、用户、企业用户体验部门参与交流与互动可以有很多途径，比较可行的几种方式，如图 10.6 所示。企业可以自身情况采用合适的途径。

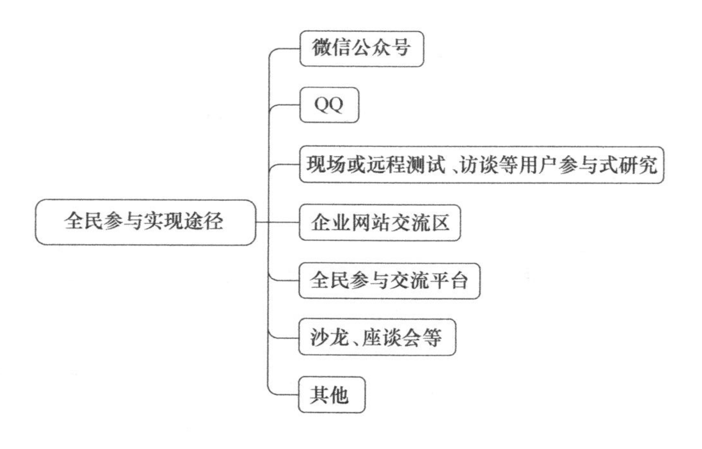

图 10.6 全民参与实现途径

(3) 全民参与积极性的调动

根据人的现实利益或心理需求，可以通过以下几方面调动大家参与该活动的积极性。

① 物质激励。如最常见的对参与人员定期或不定期举行的抽奖活动，赠送小礼品。再如活跃积分换奖励等。

② 自身收益。如通过培训、沙龙、案例分享等，企业内部人员可以收获对自身有益的知识或利于自己未来工作的开展；企业外部产品用户可以通过培训、参与实验等提升自身对机器的了解与操作等，均能促进大家继续参与。腾讯在企业内部推行的全民 CE 活动的成功也说明了该方式的可行性。

③ 用户参与感和满足感。马斯洛的人类需求模型很直观地诠释了人们在进行某一行为时不仅仅追求现实利益，很多时候就为了寻求一种心理的满足。比如小米手机，虽然它不完美，存在这样或那样的缺点，但许多“米粉”仍趋之若鹜，因为他们可以期待在下一个版本中自己所提的意见或将被采用，犹如自己的孩子，自己在伴随着它走向完美。通过定期或不定期在一些全民参与途径或平台上公开推送一些企业认为有价值的用户意见或提议，通过及时在公开场合对某些用户给予及时反馈，或者在推出某些产品版本或新品时特意说明采用或借鉴了大家的意见等，都能某种程度满足参与者的心理需求，促进他们积极参与。

10.3 用户需求的分类

通过“全民参与”方式获取的信息是多样、庞杂的，需要先通过一些方法进行分类，并剔除无价值信息，筛选出有价值的用户需求，从而有效指导产品改良设计和创新设计。为了合理、最大化地运用获取到的需求信息，可以采用阶梯式多层分类方法。

（1）第 1 阶层次的划分

① 第一层：根据信息涉及的产品系列分类。通常数控机床的每个系列，其外观造型的设计理念都较相似，涉及的问题较为接近，因此可先根据反馈信息针对的机床型号对其进行分类。如企业推出的产品有 n 个系列，则可以将反馈信息分为 n 个对象集。如果企业推出的产品系列较少，也可以根据产品型号进行信息分类。

② 第二层：针对每个产品系列信息，根据信息类型进行分类。根据用户反馈的信息类型，通常可以将其分为投诉抱怨、问题咨询、建议、表扬感谢、感想陈述、无理取闹以及无关内容 7 类。全民参与获取的信息如图 10.7 所示。因“无理取闹”和“无关内容”两类反馈信息对企业无参考价值，后续分类可剔除分属以上两类的信息。

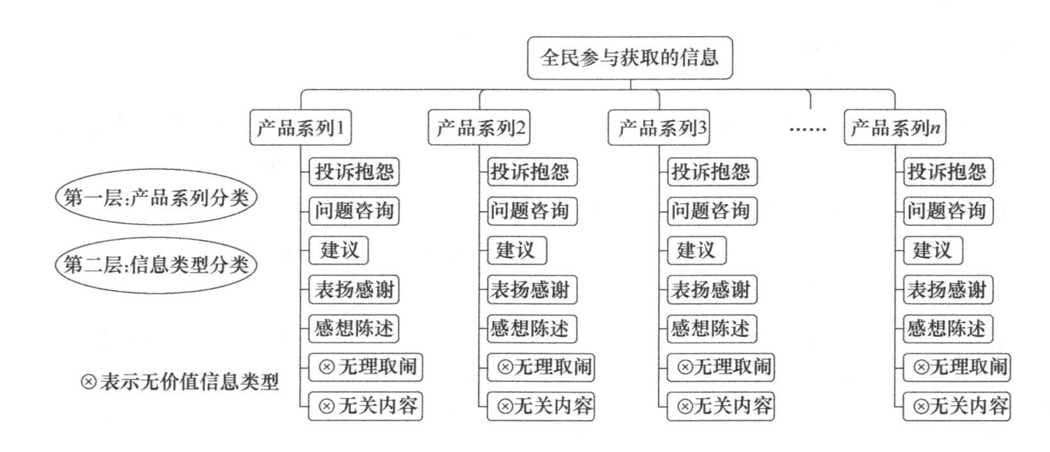

图 10.7　全民参与获取的信息

获取的信息所属类型不同，后续企业对用户的反馈方式以及后续工作内容也将有所不同，具体可参照表 10.1。

表 10.1　信息类型分类及反馈方式参照

信息类型	反馈方式	后续工作
投诉抱怨	协助处理或做出解释	• 汇总统计 • 作为后续改进的备选方向
问题咨询	有针对性解答	• 汇总统计 • 广泛问题作为后续改进的备选方向
建议	表示感谢	• 筛选备案 • 作为后续改进的备选方向 • 采纳意见给予用户再次反馈
表扬感谢	表示感谢	• 汇总统计 • 筛选备案 • 作为后续设计保留或强化选项
感想陈述	给予适当回应	分析判断,发现设计价值
无理取闹	适当解释	无
无关内容	不予处理	无

(2) 数控机床产品系列改良优先级的确定

根据第 1 阶划分的层次，可以从用户体验的角度对现有产品系列进行改良优先级的确定，方法如下。

① 信息类型数据统计。根据获取信息归属的不同产品系列，统计每个系列分别收到的不同类型信息数量。设某数控机床生产企业共推出 n 个产品系列，去除“无理取闹”和“无关内容”所属信息，其余信息分类统计如表 10.2 所示。

表 10.2　信息类型分类统计

产品系列	信息类型				
	投诉抱怨	问题咨询	建议	表扬感谢	感想陈述
系列 1					
系列 2					
……					
系列 n					

记 x_{ij} ($i=1, 2, \cdots, n$；$j=1, 2, \cdots, 5$) 为统计表中第 i 个产品系列统计得到的第 j 类信息数量，得到原始数据矩阵为

$$\begin{bmatrix} x_{11} & x_{12} & \cdots & x_{15} \\ x_{21} & x_{22} & \cdots & x_{25} \\ \vdots & \vdots & & \vdots \\ x_{n1} & x_{n2} & \cdots & x_{n5} \end{bmatrix}$$

② 设定各类信息系数。根据各类型信息反映产品设计水平的能力，对各类信息设定不同的系数，具体如表 10.3 所示。其中，表扬感谢数量越多，说明用户对该产品系列满意度越高，投诉抱怨、问题咨询和建议越多，说明用户对该产品系列满意度越低。整体满意度越低，越是继续对产品进行改良或创新。因此，各类型信息包含正向指标和逆向指标，系数设定以数字正负进行区分。

表 10.3　信息类型系数设定

信息类型	投诉抱怨	问题咨询	建议	表扬感谢	感想陈述
系数 k	2	1	1	-2	0

③ 产品系列用户不满意度的计算。考虑到收集到的用户反馈除了与产品设计和生产水平有关外，与销售的数量即使用的用户人数也有一定关系。故设 y_i

($i=1, 2, \cdots, n$) 为用户对第 i 个产品系列的不满意值，信息类型系数为 k_j ($j=1, 2, \cdots, 5$)，即 $k=(2, 1, 1, -2, 0)$，各产品系列一定时间段销售数量为 m_i ($i=1, 2, \cdots, n$)，则

$$y_i=\frac{\sum_{j=1}^{5} k_j x_{ij}}{m_i}(i=1,2,\cdots,n)$$

④ 产品系列改良优先级的确定。对 y_i 进行数值排序，最大值所在的产品系列，即 $\max\{y_i\}$ 第 i 组产品系列应为优先改良对象。

(3) 第 2 阶层次的划分

针对每个产品系列已分信息类型的用户反馈信息，根据问题涉及的内容性质，即属于哪类工作分工进行第三层的划分，如图 10.8 所示。

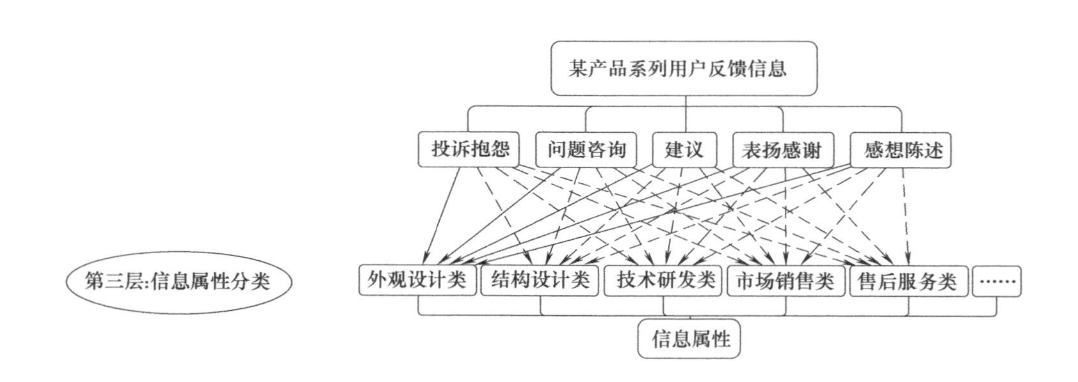

图 10.8 根据信息属性对某产品系列用户信息的层次分类

“信息属性”的判断与分类最好由对数控机床开发全生命周期流程和部门分工整体较为熟悉的专人负责，信息属性的具体分类可根据企业所设部门分工的不同有所调整。不同属性的信息将交由其分属部门研究利用。若某一条用户反馈信息涉及多个属性分工，可同时分类划分至多个部门。

因为主要研究数控机床的外观造型设计，故后续用户需求分类及研究将以外观设计类型为例展开。

(4) 第 3 阶层次的划分

考虑到用户反馈信息的模糊性与不确定性，针对获取到的外观造型相关用户

反馈信息，依据其所属用户体验类型对其进行分类。分类方法可通过焦点小组讨论确定。考虑到部分反馈信息会涉及具体的外观造型部件/部件群，可对其再次进行细分。未明确涉及的，可根据能满足其需求的部件类型将其细分至部件/部件群。

因不同的问题反馈类型，需满足或解决的紧急度或重要性有所不同。因此在进行第四层和第五层层次划分时，可对其问题类型进行不同标识，如图 10.9 所示，1、2、3 表示需解决的紧迫度，程度依次递减。“大笑”和“微笑”笑脸指用户较为认可的体验点，在设计面临冲突时，需尽量保留。

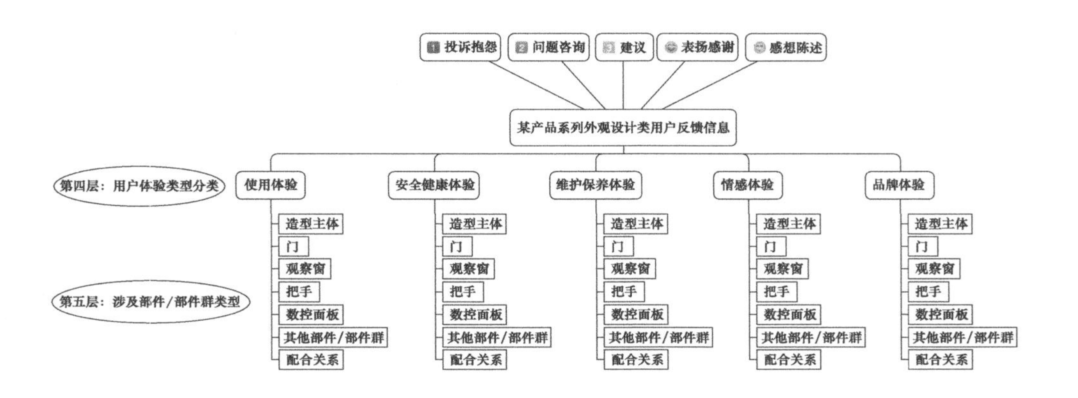

图 10.9　对外观设计类用户反馈信息的层次分类

(5) 部件/部件群改良优先级的确定

设某产品系列获取的外观设计类用户反馈信息为集合 P，属于操作体验、安全体验等的集合为 $\{P_1, P_2, \cdots, P_m\}$（$i=1, 2, \cdots, m$）。设每个体验类型涉及的部件/部件群数量为 n，用户对某产品系列某个类型体验结果不满意度为 p_i，对某部件/部件群不满意度为 p_{ij}（$j=1, 2, \cdots, n$），则

$$p_{ij}=\sum_{l=1}^{5} k_l x_{ijl} \quad (l=1,2,\cdots,5)$$

式中，x_{ijl} 表示第 i 个用户体验类型第 j 个外观部件/部件群所属的第 l 类反馈信息数量，k_l 对应的问题类型为投诉抱怨、问题咨询、建议、表扬感谢和感想陈述。对应 $k=(2, 1, 1, -2, 0)$，则某产品系列用户对某体验类型的不满意度 p_i 为

$$p_i=\sum_{j=1}^{n}p_{ij}=\sum_{j=1}^{n}\left(\sum_{l=1}^{5}k_l x_{ijl}\right)\quad (j=1,2,\cdots,n;l=1,2,\cdots,5)$$

某产品系列用户对某外观造型部件/部件群总体体验不满意度 q_j 为

$$q_j=\sum_{i=1}^{5}p_{ij}=\sum_{i=1}^{5}\left(\sum_{l=1}^{5}k_l x_{ijl}\right)\quad (i=1,2,\cdots,5;l=1,2,\cdots,5)$$

式中，p_{ij}、p_i、q_j 值越大，表示用户相应体验的不满意度越大，相应地，应成为优先改良的重点。

第11章

阶梯式创新

创新设计是企业在激烈的市场竞争中脱颖而出的根本途径。传统的产品设计与开发通常以年为单位，虽然现在普遍缩短了研发周期，快者仍需几个月，数控机床产品研发周期相对更长，但每到项目最后期限时团队成员仍会觉得时间不够用，最后结果仍会有各种不如意。反观互联网企业的设计开发则是完全不同的景象，如深圳市腾讯计算机系统有限公司等通常一个月更新一个版本，产品经理基本随时在根据用户反馈和竞争对手情况做调整。两种形式的开展均呈现一定程度的混乱，各有优缺点，如表 11.1 所示。用户体验理论之所以能在互联网等新型产品中应用广泛并且效果显著，原因在于其能通过大数据和用户反馈及时得到不足和改进点，从而通过快速迭代更新软件版本或产品。但传统产品因涉及实体部件的生产与制造，如果仍按照传统产品的一般设计与开发模式，所需的迭代周期较长，迭代成本也较高，并不能很好地发挥用户体验的优势与价值。

表 11.1 传统产品与互联网产品设计开发流程的特点

传统产品设计与开发	互联网产品设计与开发
周期长，思考时间多	周期短，思考时间少
缺陷少	缺陷多
市场敏感度低	市场敏感度高
所需迭代周期长	所需迭代周期短
迭代成本高	迭代成本低

第1章 第2章 第3章 第4章 第5章 第6章 第7章 第8章 第9章 第10章 第11章 第12章

11.1 微创新简介

一直致力于创新领域研究的美国专家德鲁·博迪（Drew Boyd）和雅各布·戈登堡（Jacob Goldenberg）通过分析通用、宝洁、强生、飞利浦、SAP等全球顶尖公司的上百种、各类型畅销产品发现：创新并非出自惊世骇俗的伟大发明，大多来自在现有框架范围内的微小改进，但结果却能创意无限、非同凡响，即“微创新”。“微创新”的概念最早由史蒂夫·乔布斯提出，他曾说过：“微小的创新可以改变世界。”iPod便是由微创新造就的奇迹。互联网领域近些年经常提到并广泛应用的一个词便是“微创新”。例如腾讯QQ从1999年第一个版本至今已陆续发布了数以百计的版本，期间虽然有较大的重构与功能革新，但大多数是遍布于小版本中的微创新。但迄今“微创新”仅在产业界达成基本共识，还未形成统一的定义。“奇虎360”创始人周鸿祎认为，从用户体验角度出发将产品做得更简单、更易用，或者为能提高用户在产品使用过程中的愉悦感的任何创新而努力，哪怕再微小，都具有价值，都能称为微创新。

11.2 阶梯式创新概念的提出

任何创新都是建立在已有事物基础上渐进发生的，不存在所谓一步到位式的划时代创新。微创新能快速满足用户不断变化的操作需求，提升用户体验，这对于基于互联网的诸如网站、APP、游戏等能低成本、快速迭代的产品而言具有极大价值和可操作性。

数控机床不可能那么频繁地进行微创新并推出新品，但将用户体验设计理论与微创新概念结合，应用于数控机床的创新设计，或许能带来大的改变。数控机床产品中很大一部分成本在于零部件的开模与加工，但在产品创新设计整个环节中有很多环节有利于提升用户体验，而所需代价或花费成本差异较大，可以对其进行分类、分阶段改良创新，这里将其称为“阶梯式创新”。“阶梯式创新”的出发点是用户需求，目标是提升用户体验，手段是通过将持续总结的用户需求进行分类，分阶段地借助设计满足其需求。

幺炳唐在针对国内数控机床用户满意度调查研究中发现产品的创新度不足，有些企业多年未推出新产品，有些产品则多年未有改进。这是机床生产企业发展的大问题。而通过阶梯式创新，可以让用户不断地保持良好的操作体验、提升用户满意度，又能与用户保持联系，提升品牌忠诚度。

11.3 阶梯式创新的实施

阶梯式创新，非常重要的工作是创新阶梯的划分。划分的对象是产品属性，划分的核心依据是用户需求满足的紧迫度和满足的代价大小。阶梯式创新的实施可遵循几大步骤。

11.3.1 阶梯式创新设计要素分层

对于数控机床等大型实体产品而言，设计创新涉及技术、结构、模具、工艺、加工等多方面因素，人力、时间、成本、可行性等都是必须考虑的因素。阶梯式创新的理念便是企业根据自身实际情况将产品创新的设计要素细化分层。

为了便于设计实现，阶梯式创新的属性必须用设计语言描述，且按层次进行细分，因此这里参照数控机床外观造型设计要素分层方式对其进行划分。具体的机床产品类型不同，分层示意图也会有所不同。

11.3.2 创新阶梯的划分

关于阶梯划分，可以根据企业情况分成若干阶，但建议不要分得太多。如图 11.1 所示将创新阶梯分为三阶。阶数越低，表示产品创新属性设计实现所需时间越少、企业实现的代价越低，可以较短的时间间隔推出升级版本或改良版；阶数越高，表示产品创新属性所需花费时间越多，或企业需付出的代价或冒的风险越大，推出产品所需时间间隔越长。

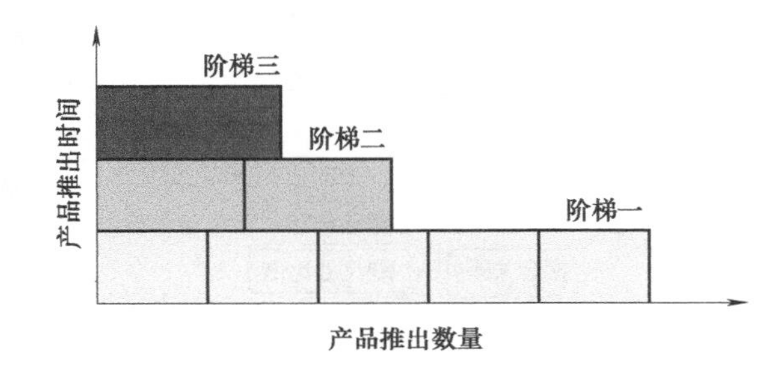

图 11.1　阶梯式创新含义

11.3.3 确定每个设计要素的创新阶数

对每个分层设计要素，确定其创新阶数 t，并在创新分阶示意图中标识出其所属创新阶数，如图 11.2 所示。对应设计要素所标数字即对应其所属创新阶梯。图 11.2 中所示仅设定将其分为 3 个创新阶梯的前提下，根据常规经验确定的各设计要素所属创新阶数，可作为企业设定的参考。

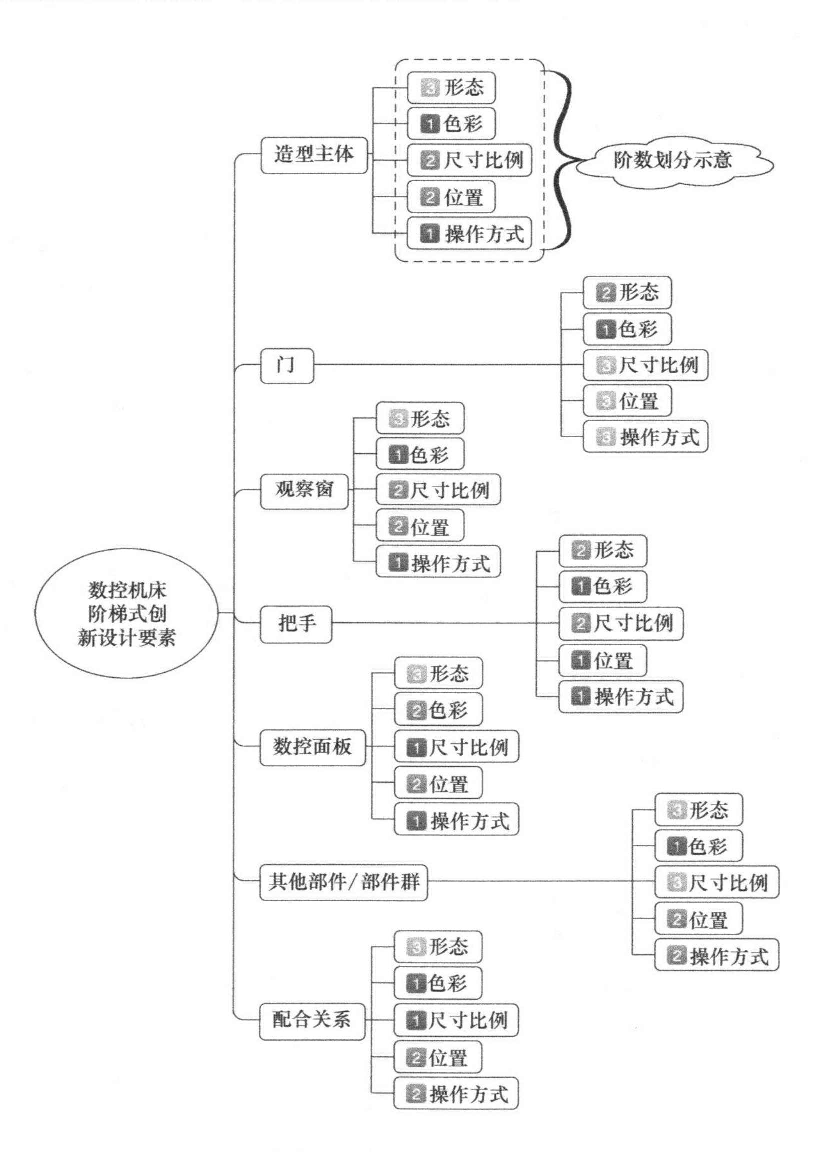

图 11.2 数控机床阶梯式创新设计要素创新阶数示意

需要注意的是，设计要素所属阶数并不代表创新性的大小，仅是从企业产品推出策略角度综合考虑的结果。而且同样的产品设计要素，不同企业可能划分的阶数并不相同。

创新阶数的划分可主要依据 3 个评价指标确定：时间、人力和金钱成本（表 11.2）。以上三个指标均是相对的概率，仅需获取其程度，无须获取具体的数值，所以可以指标定量化评价方式。建议采用 9 分制，分值越低，说明其可实现性越强，所属创新阶数应划分得越低。

表 11.2　定性指标定量化分值对照

指标	分值				
	很少	少	一般	多	很多
时间	1	3	5	7	9
人力	1	3	5	7	9
金钱	1	3	5	7	9

为了评价的准确性，可由 5～9 名对企业外观设计较为熟悉，同时对人事、成本等了解较为全面的管理人员对各设计要素的各个指标进行打分。设共邀请 p 为管理人员参与打分，对于每个设计要素，第 j 位分别对时间、人力、金钱三个评价指标给出的分值记为 c_{ij}（$i=1，2，3；j=1，2，\cdots，p$），则

$$c_i=\frac{\sum_{j=1}^{p}c_{ij}}{p}$$

考虑到每个企业或者每个时间段，三个评价指标对其影响度不尽相同，为其设定权重系数分别为 ∂_1、∂_2、∂_3，该权重系数可由被邀管理人员同时给定，第 j 位分别对时间、人力、金钱三个评价指标给出的权重系数记为 ∂_{ij}，则

$$\partial_i=\frac{\sum_{j=1}^{p}\partial_{ij}}{p}$$

$$\left(\sum_{i=1}^{3}\partial_{ij}\right)=1$$

c 记为每个设计要素的评价均值，则

$$c=\sum_{i=1}^{3}\partial_i c_i=\sum_{i=1}^{3}\partial_i\left(\frac{\sum_{j=1}^{p}c_{ij}}{p}\right)$$

企业根据自身情况设定两个界限值 a 和 b （$0<a<b<9$），设定企业产品开发创新阶梯分为 3 阶，设计要素所属阶数为 t （$t=1$，2，3），则

当 $0<c\leqslant a$ 时，$t=1$；

当 $a<c\leqslant b$ 时，$t=2$；

当 $b<c<9$ 时，$t=3$。

11.3.4 确定创新设计要素

由 10.3 节“用户需求的分类”，已获取某产品系列用户对某外观造型部件/部件群总体体验不满意度 q_j，企业可设定值 e，规定 $q_j-e\geqslant 0$ 时，其所属部件/部件群必须进行设计。设本次设计属于第 T 阶创新设计，$q_j-e\geqslant 0$ 的部件/部件群集合为$\{S_1, S_2, \cdots, S_m\}$，则选取所有所属阶数 $t\leqslant T$ 的设计要素进行重点设计。

根据某产品系列用户对某体验类型的不满意度 p_i 确定设计目标是侧重于提升哪几种类型的用户体验。

11.4 阶梯式创新的优势

① 能让企业设计部门保持持久的创新动力。产品研发周期较长、新品推出频率较低、设计团队缺乏短缺目标激励等是大部分机床企业长期存在的问题。将传统的以企业为中心的创新模式转换为以用户为中心，将用户无穷的操作需求转化成企业创新的核心动力，设计团队随时都面临待解决的用户需求，每个阶段都有短中长期目标要实现，团队将保持持续的创新动力。

② 能提升企业创新力，加快产品推陈出新的速度，提升品牌形象。通过阶梯式的创新设计将用户需求分阶段实现，以升级服务、改良版、创新款等形式推向市场或改善用户体验将能有效提升企业科技创新形象。

③ 提升用户体验，增强品牌忠诚度。通过阶梯式创新持续地改善用户的操作体验，能让客户感受到企业创新的活力，增强品牌信赖感；能让用户感觉产品更具亲和力，更能引起情感上的共鸣，进而提升精神层面上的体验感受。

第12章

基于用户体验的数控机床外观造型设计流程

数控机床属于特殊工业产品，最终的购买决策者并不是产品直接使用者，这也是为什么长期以来生产厂商一直重视购买企业的需求而忽视机床操作者需求的根本原因。

“设计属于所有人，也意在被所有人使用，这既是设计的价值，也是设计的责任。”基于用户体验的创新设计就是要从机床用户的实际需求出发进行设计。用户需求研究是借助需求信息对体验进行预测的过程，在体验预测的基础上了解用户在使用某产品时的真实体验感受，依此为基础，结合用户需求确定体验设计的核心内容，并展开设计。

本流程旨在立足于现有的数控机床产品研发现状，以较小的代价，较强的可行性，逐步为数控机床用户提供“安全-易用-情感惊喜”的数控机床，借助用户

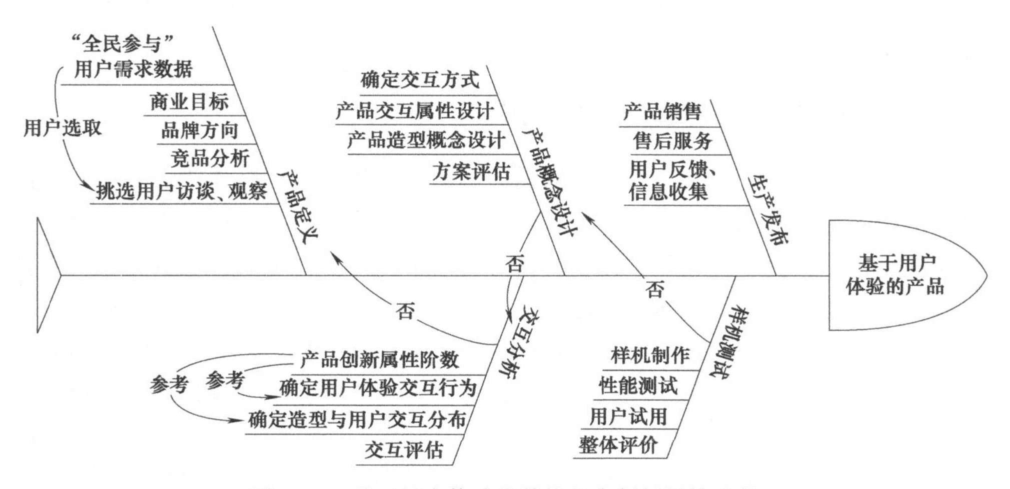

图 12.1　基于用户体验的数控机床创新设计流程

体验设计不断提高工人的工作效率和工作体验，让数控机床的操作过程变得更加简单方便、安全高效、轻松愉悦。

基于用户体验的产品设计与开发流程，应充分发挥用户作用，甚至可以邀请用户参与设计，既能开发出满足用户需求的产品，在产品维护阶段还能减少客服以及维护成本。整体流程基于持续更新的“全民参与”用户需求数据和阶梯式创新思想展开，具体步骤如图 12.1 所示。

12.1 基本原则

12.1.1 简化流程、控制设计成本

由于国内机床产业工业设计推广不够，有此企业急功近利，追求效益，制造方面重视加工技术、比拼性能参数，造型方面抄袭、模仿国外优秀产品，创新性严重不足。国内机床生产企业在工业设计方面普遍预算较少，大部分没有独立的工业设计研发部门，即使委托外单愿意支付的设计费用也相对较低。而且就算设计出了产品方案，决策层和相关部门也常常妥协于加工难度和成本。简而言之，工业设计在当前的机床企业仍被边缘化，未得到足够重视，不太可能投入太多的人员、预算等用于机床的造型设计创新。用户体验设计理念在数控机床领域的引入具有一定前瞻性，在可以预见的未来一定能实现机床产品设计水平和市场竞争力跨越式的提升，但在现阶段必须小步慢走，具有一定可操作性。所以，基于用户体验的数控机床创新设计流程一大原则是必须控制操作流程复杂度和成本。

12.1.2 兼顾商业目标与用户目标

对于终端用户，产品应该具有极强的可用性和极佳的用户体验，用户希望能以最小的阻力轻松完成任务、实现目标。这些用户的需求与目标并不完全代表企业的商业目标，而后者才是真正引导战略策划的力量。Smashing Magazine❶ 曾强调，所要开展的活动应同时满足用户需求和商业需求，而且应借助最佳的设计解决方案满足以上两方面。因此，在产品设计与开发过程中，应同时兼顾商业目标与用户目标。成功的用户体验设计开发应能为用户带来良好操作体验与价值的

❶ SmashingMagazine：WEB 设计开发杂志博客，是一个 WEB 技术类的博客杂志站点，创建于 2006 年 9 月，主要为 WEB 设计师和开发人员提供有用的创新性的信息。

同时为企业创造效益和价值。但是，当个别关键设计要素与商业价值出现冲突且不可调和时，从产品设计以及企业品牌发展角度宏观考虑，应首先保证设计是用户需要的、可行的，其次才兼顾商业价值。

12.1.3　使用第一

对于桌椅等功能简单产品，营造一个良好用户体验的设计要求基本等同于产品自身的设计，例如一把不能“坐”的椅子根本不能称为“椅子”。但对于功能相对复杂的产品，营造良好的用户体验和产品定义的关系则相对独立。例如，一部电话因具有拨打和接听电话的功能而被定义为电话，但实际上可以有多种方式实现以上定义，而用户的体验效果可能千差万别。

产品越复杂，确定向用户提供良好的操作体验的方式就越困难。在产品使用过程中，每增加一个功能、步骤或性能，都会提高导致用户体验失败的可能性，尤其对于数控机床这类功能多、操作步骤相对复杂的产品，用户体验设计就显得更为重要，而且设计的核心必须围绕功能使用展开，即“使用第一”应为首要原则。

12.1.4　在乎用户

在机床设计与开发的每个步骤都应把用户纳入考虑范围。用户体验设计之所以重要是因为它对用户很重要，如果无法提供积极的体验，用户的操作效率就会降低，犯错甚至出现安全事故的概率就会增加，设备出故障的概率就会提高，数控机床就无法发挥最大化的功效，无法为企业创造最大化的价值和效益。

在用户操作数控机床的过程中所体验的每件事情都应该是设计师经过慎重思考和论证的结果，即每个设计步骤、需要解决的每个问题或需做出的每个妥协都不能是随机或设计师主观决定的，而应考虑用户的需求和体验，将其分解为各个组成要素，从不同的角度去了解和分析。

12.1.5　遵循用户思维模式

用户思维模式（User’s Model）是人机设计理论中经常提到的一种模式，指用户根据自我经验认定的系统工作模式，以及其在使用产品时所关心和思考的内容。在人机设计中涉及的另外两种模式为系统运行模式（System Model）[1] 和设计者思维模式（Designer’s Model）。

---

[1] 系统运行模式：指产品完成其功能的方法和方法，它是系统实施者直接关心的内容。

第1章 第2章 第3章 第4章 第5章 第6章 第7章 第8章 第9章 第10章 第11章 第12章

进行用户体验设计时应遵循以下原则。

① 简洁自然、清晰明了：尽量用简单、易于被用户理解的方式进行表达。

② 一目了然、突出重点。

③ 符合用户心智模型和认知习惯：用户对功能的预期要与实际的操作结果保持一致。

④ 避免出错，及时纠错：针对用户可能出现的错误借助设计或系统予以防范，避免错误的发生；无法提取规避的错误给予预警或及时纠错的提示。

⑤ 延续习惯，适当延伸：产品操作方式必须保证用户操作习惯的延续性，可在用户接受的范围内进行适当延伸与引导。

⑥ 操作一致性：相同类型的操作或命令应产生类似的效果。

⑦ 及时、友好的反馈：及时快速地对用户操作给予有效、友好的反馈。

⑧ 减少思考：尽量让用户的第一反应或直觉反应产生正确、有效的操作。

⑨ 最小记忆负担：避免需要用户记忆 5 条以上的数据。

12.1.6 深入用户，挖掘设计点

设计与创新是为了解决问题。在整个设计过程中，问题的调查与分析是非常重要与关键的一个部分。当发现了某个有价值或意义的问题，并用与以往截然不同的解决方式呈现出来，或者很好地把问题解决时，或许意味着一个创新性的优秀设计诞生了。只有充分靠近用户、了解用户，挖掘用户的需求、发现用户使用产品过程中存在的问题，才可能分析与筛选出设计的核心目标。

罗伯特·卡帕（Robert Capa）曾经说过：“如果你拍得不够好，那是因为你靠得不够近。”做设计亦是如此，无法掌握最真实的需求情况，未能挖掘出打动人心的设计点，是因为离用户不够近，融入得不够深。联想集团致力于打造“全面客户体验”，他们认为用户更需要的是被理解、被尊重、被体贴。

要想真正实现以用户为中心，应真正了解用户的工作环境、流程、操作行为、感受甚至日常工作习惯等，挖掘出未被满足的需求，从而筛选出合适的设计点，逐步提升数控机床用户的操作体验。

除了运用常规的研究方法对用户、使用场景、竞争者、技术、发展趋势、品牌等进行调研外，深入用户，多花时间与用户接触，观察他们的工作和生活环境与产品使用情况，尝试多与他们进行沟通交流，倾听他们的内心感受与希望或许能达到事半功倍的效果。因为人都具有直觉化和情感化的一面，真实环境下的观察结果和感性描述通常包含非常多有价值的信息。所以整个设计流程将强调定量研究与定性研究相结合，增强定性研究的分量，通过选取典型用户、构建目标用户人物角色模型展开相关设计。

12.2 设计流程

基于用户体验的数控机床外观造型设计流程应在全面参与式数控机床用户需求获取和阶梯式创新的基础上进行，如图 12.2 所示。

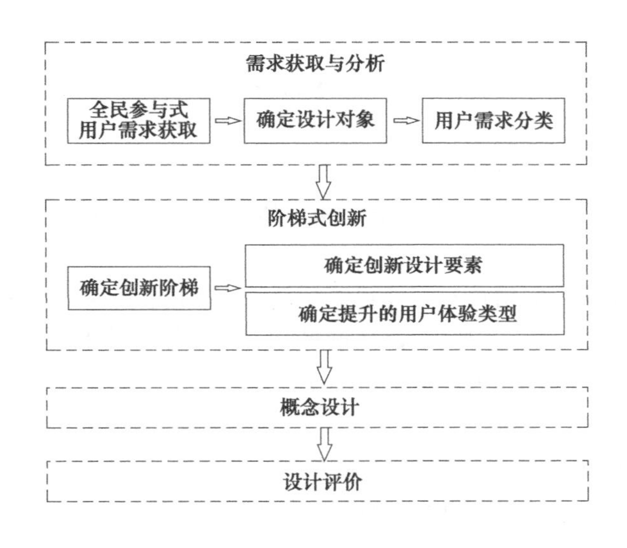

图 12.2　基于用户体验的数控机床外观造型设计流程

(1) 需求获取与分析

以“全面参与”为数控机床用户需求获取的主要形式，根据 10.3 节（2）中 y_i 值获取用户对各数控机床产品系列的体验不满意度，在综合分析生产厂商商业目标、品牌方向、竞品分析结果等基础上确定设计或改良对象。

根据 10.3 节（3）中相关方法对设计对象的外观设计类用户反馈信息进行层次分类。若有需要，可以从全民参与活动人员中挑选代表性用户，采用用户访谈法、观察法等进行用户研究和需求分析，确认、完善产品需满足的用户需求。即该阶段，用户需求的获取和分析可以分为两部分。一是基于“全民参与”得到的研究结果，该部分是持续进行，实时更新的。由于该部分需求信息主要由用户和相关人员推送，属于相对被动信息，可能具有片面性和不准确性。因此需挑选用户进行深入和补充研究，前期结果进行验证与补充。

(2) 阶梯式创新

具体实施流程参见11.3节。其中创新阶梯的划分和每个设计要素所属的创新阶数应是企业设计部门事先确定并规范化的标准。再根据确定的设计对象，仅需确定创新设计要素和需提升的用户体验类型。

其中用户对某体验类型的不满意度 p_i 为

$$p_i = \sum_{j=1}^{n} p_{ij} = \sum_{j=1}^{n} \left(\sum_{l=1}^{5} k_l x_{ijl} \right) \quad (j = 1, 2, \cdots, n; l = 1, 2, \cdots, 5)$$

用户对某外观造型部件/部件群总体体验不满意度 q_j 为

$$q_j = \sum_{i=1}^{5} p_{ij} = \sum_{i=1}^{5} \left(\sum_{l=1}^{5} k_l x_{ijl} \right) \quad (i = 1, 2, \cdots, 5; l = 1, 2, \cdots, 5)$$

式中，p_i、q_j 值越大，表示用户相应体验的不满意度越大，相应地应成为设计的重点。

设 e 为企业规定的用户对某外观造型部件/部件群总体体验不满意度临界值，选取所有 $q_j - e \geqslant 0$ 对应的部件/部件群最为重点设计的外观造型部件。设本次设计属于第 T 阶创新设计，则选取所有所属阶数 $t \leqslant T$ 的设计要素作为确定的创新设计要素。

设 f 为企业规定的用户对某体验类型的不满意度临界值，选取所有 $p_i - f \geqslant 0$ 的用户体验类型作为设计时的用户体验提升目标。

(3) 概念设计

概念设计阶段即以确定的重点设计部件/部件群相应设计要素作为具体的设计对象和载体，以选定的用户体验类型作为核心设计目标进行相关的方案构思与设计。

(4) 设计评价

设计评价的标准是机床外观造型方案用户体验值的高低，基本评价流程依据8.1节展开。为简化操作，8.1.1小节的步骤可以省略，可直接选择前面确定的重要设计部件/部件群作为评价的主要对象。当其属于常规数控机床外观部件/部件群范围时，部分值可直接根据8.2节相关结论进行代入计算。最终得到的数控机床用户体验值越高，说明方案越能更好地满足用户体验需求，即为最佳方案。

参考文献

[1] 秦衷. 数控机床基础教程 [M]. 北京：北京理工大学出版社，2018.

[2] 王晓忠. 数控机床技术基础 [M]. 北京：北京理工大学出版社，2019.

[3] 李雪梅，王斌武. 数控机床 [M]. 北京：电子工业出版社，2010.

[4] 杨显宏，郭成操. 数控机床 [M]. 北京：电子工业出版社，2011.

[5] 魏杰. 数控机床结构 [M]. 北京：化学工业出版社，2015.

[6] 王侃夫. 机床数控技术基础 [M]. 北京：机械工业出版社，2001.

[7] 秦衷. 数控机床基础教程 [M]. 北京：北京理工大学出版社，2018.

[8] 旷英姬. 数控机床中人机工学应用研究 [D]. 武汉：华中科技大学，2004.

[9] 吴祖育，秦鹏飞. 数控机床 [M]. 上海：上海科学技术出版社，2000.

[10] 陈胜昌. 数控机床业发展 [J]. 中国生产力发展研究报告（年鉴），2007-2008：45-55.

[11] 刘福运. 基于用户反馈模型的数控机床造型设计 [J]. 制造技术与机床，2013（12）：87-89.

[12] Giulia Lotti，Valeria Villani，Nicola Battilani，Cesare Fantuzzi. New trends in the design of human-machine interaction for CNC machines [J]. IFAC PapersOnLine，2019，52（19）.

[13] 宋进宇. 数控机床造型检索系统用户界面及设计参数优选研究 [D]. 哈尔滨：哈尔滨工业大学，2020.

[14] 张玲玉，伍健. 基于眼动测试的电火花切割机床造型设计研究 [J]. 包装工程，2019，40（18）：40-47.

[15] 袁浩，劳超超，张清林，等. 基于用户体验的数控压力机触摸式交互界面设计 [J]. 包装工程，2019，40（12）：229-235.

[16] 刘敏洋. 面向数控机床操作的智趣体验式工作设计与应用研究 [D]. 天津：天津大学，2018.

[17] 汪海波，薛澄岐，王选. 基于实体交互的数控机床造型创新设计研究 [J]. 机械设计，2017，34（08）：124-128.

[18] 鲍世赞，蔡瑞林. 智能制造共享及其用户体验：沈阳机床的例证 [J]. 工业工程与管理，2017，22（03）：77-82.

[19] 陶嵘. 用户体验研究方法概述 [A]. 中国心理学会. 第十届全国心理学学术大会论文摘要集 [C]. 中国心理学会，2005：448.

[20] 刘清华. 基于用户体验的混凝土搅拌站造型设计研究 [D]. 长沙：中南大学，2012.

[21] Alvin Toffler. 未来的冲击 [M]. 蔡伸章，译. 北京：中信出版社，2006.

[22] 游晓宇. 产品设计中的用户体验层次研究 [D]. 广州：广东工业大学，2011.

[23] Joseph Pine Ⅱ B，James Gilmore H. 体验经济 [M]. 毕崇毅，译. 北京：机械工业出版社，2012.
[24] 朱琪琪. 产品设计中的用户体验研究 [D]. 无锡：江南大学，2008.
[25] 魏华飞，陈俊，陆燕. 赢在体验 [M]. 合肥：安徽大学出版社，2009.
[26] 罗仕鉴，朱上上. 用户体验与产品创新设计 [M]. 北京：机械工业出版社，2010.
[27] 胡强，杨本芳. 服务质量对顾客满意度和忠诚度的影响 [J]. 商场现代化，2007，501 (12)：113-115.
[28] 李倩. 加工中心的人性化设计研究与应用 [D]. 济南：山东大学，2009.
[29] 冯英健. 网络营销基础与实践 [M]. 北京：清华大学出版社，2013.
[30] 麦克·库涅夫斯基. 用户体验面面观：方法、工具与实践 [M]. 汤海，译. 北京：清华大学出版社，2010.
[31] 杰西·詹姆斯·加勒特. 用户体验要素 [M]. 第2版. 范晓燕，译. 北京：机械工业出版社，2014.
[32] 张嫦娥. 工业产品的用户体验设计 [D]. 成都：西南交通大学，2010.
[33] 劳超超. 数控压力机触摸式交互界面设计及可用性研究 [D]. 江苏大学，2019.
[34] 庄德红，晏群. 基于用户体验的数控机床人-机界面交互设计研究与应用 [A]. 中国机械工程学会工业设计分会、辽宁省机械工程学会. 2013国际工业设计研讨会暨第十八届全国工业设计学术年会论文集 [C]. 中国机械工程学会工业设计分会、辽宁省机械工程学会，2013：50-53.
[35] 张曙，谭惠民，黄仲明. 聚焦用户需求、研发专有技术——机床产业转型升级途径之三 [J]. 制造技术与机床，2009 (11)：5-8.
[36] 丁雪生. 机床工具行业主要用户对数控机床的需求浅析 [J]. 制造技术与机床，2005 (8)：28-31.
[37] 邵娜. 基于用户视角的数控机床顾客满意度评价 [D]. 长春：吉林大学，2011.
[38] 张思复. 基于操作者感受的数控机床概念设计 [D]. 沈阳：东北大学，2010.
[39] 詹敏. 从宜人性角度谈数控机床的造型设计 [J]. 装备制造技术，2011 (6)：188-190.
[40] 吴晓莉，薛廷. 基于人机工程学的数控机床设计与分析 [J]. 中国制造业信息化，2012，41 (17)：47-50.
[41] 潘松光. 基于UCD的机床产品设计研究 [D]. 济南：山东大学，2014.
[42] 王爱玲. 现代数控机床 [M]. 第2版. 北京：国防工业出版社，2009.
[43] 朱树红，夏罗生. 数控机床的可靠性分析 [J]. 机床电器，2006 (4)：18-20.
[44] 易樑. 向制造业强国转变发展数控机床是关键 [J]. 世界制造技术与装备市场，2005 (1)：33-34.
[45] 姜巍巍，贾亚洲. 数控机床用户满意度信息处理 [J]. 吉林大学学报：工学版，2004，34 (1)：154-158.
[46] 唐沐，陈妍，曾楚. 商业价值与用户价值的平衡 [C] //腾讯公司用户研究与体验设计部. 在你身边，为你设计：腾讯的用户体验设计之道. 北京：电子工业出版社，2014：

29-39.

[47] Alvin Toffler. 第三次浪潮 [M]. 黄明坚，译. 北京：中信出版社，2006.

[48] 董建明，傅利民，饶培伦. 人机交互：以用户为中心的设计和评估 [M]. 北京：清华大学出版社，2013.

[49] 李乐山. 设计调查 [M]. 北京：中国建筑工业出版社，2007.

[50] 杨会利，李诞新，葛列众. 用户体验及其在通信产品开发中的应用 [M]. 北京：人民邮电出版社，2010.

[51] Peter Wright，John McCarthy. Experience-Centered Design：Designers，Users，and Communities in Dialogue [M]. Morgan & Claypool Publishers，2010.

[52] Nathan Shedroff. Experience Design [M]. Corte Madera：Waite Group Press，2001.

[53] 许佳，王坤茜. 多元·本土·国际——2011年全国高等院校工业设计教育研讨会暨国际学术论坛文选编 [M]. 北京：北京理工大学出版社，2011.

[54] 胡飞. 聚焦用户 [M]. 北京：中国建筑工业出版社，2009.

[55] 高楠. 工业设计创新的方法与案例 [M]. 北京：化学工业出版社，2006.

[56] 刘津，李月. 破茧成蝶：用户体验设计师的成长之路 [M]. 北京：人民邮电出版社，2014.

[57] 丁玉兰. 人机工程学 [M]. 第4版. 北京：北京理工大学出版社，2011.

[58] 张茜. 以用户为中心的情感互动设计研究 [D]. 南京：南京航空航天大学，2007.

[59] 宋天麟. 数控机床及其使用与维修 [M]. 南京：东南大学出版社，2003.

[60] 郑建启. 材料工艺学 [M]. 武汉：湖北美术出版社，2002.

[61] 朱祖祥. 工业心理学 [M]. 杭州：浙江教育出版社，2001.

[62] 戈布尔. 第三思潮：马斯洛心理学 [M]. 吕明，等译. 上海：上海译文出版社，2006.

[63] 谢建闯，赵英新. 产品情感交互设计探析 [D]. 济南：山东大学，2010.

[64] 周美玉. 人机工程学应用 [M]. 上海：上海交通大学，2012.

[65] 徐光祐，陶霖密，邸慧军. 人机交互中的体态语言理解 [M]. 北京：电子工业出版社，2014.

[66] 谭征宇，赵江洪，孙守迁. 基于意象尺度的数控机床造型风格意象认知研究 [J]. 中国机械工程，2006，17（05）：519-523，528.

[67] 刘伟强. 数控机床人性化设计技术及其在ICAID系统中的实现 [D]. 长沙：湖南大学，2004.

[68] 卢晓梦. 数控机床外观造型设计中的审美分析 [J]. 现代艺术与设计，2007（03）：106-107.

[69] 魏专. 比例关系及其数控机床造型应用 [D]. 长沙：湖南大学，2009.

[70] 李世国，华梅立，贾锐. 产品设计的新模式——交互设计 [J]. 包装工程，2007（04）：90-92，95.

[71] Yan H S. Creative design of mechanical devices [M]. Berlin：Springer-Verlag，1999.

[72] 桑书林. 数控机床造型设计特点 [J]. 机床与液压，1998 (4)：38-42.
[73] 浦叶. 数控机床外观件造型设计研究及其在 ICAID 系统中的实现 [D]. 长沙：湖南大学，2004.
[74] 刘伟强. 数控机床人性化设计技术及其在 ICAID 系统中的实现 [D]. 长沙：湖南大学，2004.
[75] 杨维平，陈逢凯，吕宏，等. 加工中心造型设计特点分析 [J]. 昆明理工大学学报，2001 (04)：107-110.
[76] 赵中敏，王茂凡. 基于服务型制造视角下的数控机床工业设计研究 [J]. 机床电器，2011 (04)：4-6.
[77] 詹涵菁，张海波，赵江洪，等. CBID 系统中数控机床造型设计整体与局部关系研究及关键部件修改器的构建 [J]. 机床与液压，2007 (03)：21-24.
[78] 史俊. 语音数控机床的研究与实现 [D]. 沈阳：沈阳航空工业学院，2007.
[79] Michael Joseph French. Conceptual design for engineers [M]. 3rd edition. Berlin：Springer，1999.
[80] 王敏，于爱兵，张义. 机床造型设计方法 [J]. 现代制造工程，2005 (09)：100-102.
[81] 范真. 加工中心 [M]. 北京：化学工业出版社，2004.
[82] 王坤茜. 数控机床的现代造型风格与设计 [J]. 机械，2003 (4)：1-3.
[83] 李世葳，王述洋，张万里. 数控机床的人性化设计研究 [J]. 林业劳动安全，2007 (04)：30-33.
[84] 姜晓微. 数控机床的造型设计研究 [D]. 长春：吉林大学，2007.
[85] 张淼. 工业设计理论在数控机床外观造型设计中的应用研究 [D]. 沈阳：沈阳工业大学，2005.
[86] 刘永翔. 产品设计 [M]. 北京：机械工业出版社，2008.
[87] Peter，Bloch H. Seeking the ideal form：Product design and consumer response [J]. Journal of Marketing，1995 (07)：16-18.
[88] 许京，骆玘. 全民 CE [C] //腾讯公司用户研究与体验设计部. 在你身边，为你设计：腾讯的用户体验设计之道. 北京：电子工业出版社，2014：100-103.
[89] Drew Boyd，Jacob Goldenberg. 微创新：5 种微小改变创造伟大产品 [M]. 钟莉婷，译. 北京：中信出版社，2014.
[90] 王丽娜，李彬彬. 基于用户体验的产品“微创新”设计评价研究 [J]. 价值工程，2012，31 (20)：28-29.
[91] 王岳. 微创新在产品创新设计中的应用 [J]. 企业经济，2015 (11)：79-82.
[92] 幺炳唐. 数控机床用户满意度稳中有升 [J]. 制造技术与机床，2012 (5)：61-65.
[93] 腾讯公司用户研究与体验设计部. 在你身边，为你设计：腾讯的用户体验设计之道 [M]. 北京：电子工业出版社，2014：1.